ON ATTACHMENT
The View from
Developmental Psychology

依恋与安全感

〔英〕伊恩·罗里·欧文（Ian Rory Owen）◎著

诸葛雯◎译

人民邮电出版社
北　京

图书在版编目（ＣＩＰ）数据

依恋与安全感 /（英）伊恩·罗里·欧文
（Ian Rory Owen）著；诸葛雯译. -- 北京：人民邮电
出版社，2022.10（2023.11重印）
　ISBN 978-7-115-59850-9

　Ⅰ．①依… Ⅱ．①伊… ②诸… Ⅲ．①安全心理学－
通俗读物 Ⅳ．①X911-49

　中国版本图书馆CIP数据核字(2022)第148065号

内 容 提 要

本书梳理了依恋理论的发展路线，分别指出儿童和成年人的安全型依恋和不安全型依恋的基本形成过程，并从焦虑与回避两个维度对不同依恋类型的表现做了清晰的阐述。同时，作者运用心理动力学的方法，解读个人的心理、动机和防御，指出自我矫正的方法，甚至阐述复杂性案例，从而让人重建安全感，找到应对不确定感、失衡感的方法，平衡运用理智和情感的技能，平衡应对冲突和矛盾的技能，真正发挥内在潜能，恢复生活的动态平衡，活出自在的人生。

本书适合教师、家长、心理咨询师、心理治疗师、社会工作师及心理学爱好者阅读。

◆　著　　　[英]伊恩·罗里·欧文（Ian Rory Owen）
　　译　　　诸葛雯
　　责任编辑　柳小红
　　责任印制　彭志环

◆人民邮电出版社出版发行　　北京市丰台区成寿寺路 11 号
　　邮编　100164　　电子邮件　315@ptpress.com.cn
　　网址　https://www.ptpress.com.cn
　　北京天宇星印刷厂印刷

◆ 开本：720×960　1/16
　　印张：14.5　　　　　　　　2022 年 10 月第 1 版
　　字数：201 千字　　　　　　2023 年 11 月北京第 2 次印刷
　　　著作权合同登记号　图字：01-2020-5352 号

定　价：69.00 元
读者服务热线：(010) 81055656　印装质量热线：(010) 81055316
反盗版热线：(010) 81055315
广告经营许可证：京东市监广登字 20170147 号

依恋理论俨然已成为当下各类心理治疗与心理健康护理的护身符。许多与依恋相关的观念被人们全盘接受，而其中不乏错误观念。为避免人们受这些错误观念的影响，本书列出了对儿童依恋和成年人依恋的可信研究。我通过评价实证研究结论来评估依恋的解释方式，以阐明对心理治疗和心理健康护理有支持和促进作用的理论。为应该得到帮助之人争取帮助绝非易事，其中涉及治疗关系中妨碍人们接纳与改变的各种问题。治疗关系一向是一种提供治疗或服务的重要基础。而在提供治疗时，人们的心理预期与其所感知的治疗质量不符是造成治疗质量低下的原因之一。来访者所遭遇的困境十分复杂，治疗关系中的各种问题也会因之而千差万别。一旦治疗关系本身及治疗关系中双方的感受和体验变得十分复杂，治疗师就很难辨识哪些内容是单独属于哪个人的特征了。面对面的真实互动发生在照料者与被照料者之间。依恋理论体现了和谐体验与不和谐体验之间的动态变化，这种变化有助于维持照料者和被照料者之间的平衡。

依恋过程在所有哺乳动物的育儿过程中都能够被观察到。就人类而言，我们观察到：婴儿与儿童会寻找自己的照料者，因为照料者具有更强的能力，而且会向孩子展示应该如何应对困难；儿童在得到照料后会平静下来，继续参与其他活动。在寻求帮助与获得支持方面，依恋所产生的影响将持续一生。这些过去习得的信息会保留在我们的意识中，早期的首位照料者留下的印记最强。如果个体在童年时期未曾接受足够高质量的照料，那么其早期的分离焦虑和团聚时的回避（avoidance on reunion）倾向在其成年后同样难以消除。尽管成年人的行为更加复杂，但是他们在人际关系方面与儿童存在相似之处。心理治疗师（以下简称治疗师）逐渐意识到，一些来访者没有能力用简单、直接的方式求助。婴儿期与青春期的依恋关系对成年后的个体仍具有巨大的影响力。近年来，人们越来越认识到，依恋关系会影响个人体验中亲密关系的质量。这意味着，当前的联结形式可以通过新近获得的体验不断得到更新。

　　本书解释了依恋发展心理学中的实质性问题，是本基于证伪主义的图书。对假设进行实证检验的证伪主义，是对真伪观念的最终检验。根据证伪主义，人们提出假设并对其加以检验，这样就可能通过实验来证明假设的正误。对证伪主义而言，任何假设都无法被证明永远毫无疑问。这意味着，除非假设被推翻，否则实证发现只是被视为暂时可接受的解释。但本书的目的并非对不同研究方法进行详细的批判。鉴于心理学中的研究结果很难被复制，下文引用的约翰·鲍尔比（John Bowlby）、玛丽·安斯沃斯（Mary Ainsworth）、玛丽·梅因（Mary Main）、埃弗里特·沃特斯（Everett Waters）及其他同行的实证性主张仅被视为可信的实验设计与基准数据。之后，我们重点阐述可以从重复的依恋过程中观察到什么，目的是对心理学中所存在事物的准确描述进行宣传，以便于同行之间的交流。贯穿人一生的依恋关乎个体能否在与他人的关系中找到安全感。依恋可以表达对于情感投资的期望、恐惧或抑制，并呈现生物相互关联的一个主要方面。如果个体在成长过程中（尤其是在幼年时期）无法获得安全感，又在青年或成年时期遭受了暴力，那么个体在当下寻求照料与建立亲密情感以解决当前问题的能力就会受到影响。

理念是指导我们完成特定任务的工具。但是，如果我们开展治疗性干预所依据的实证发现不准确，那么我们就不再有理由据此开展干预。需要指出的是，我们只有具备了足够的能力，能够理解成年人之间重复行为的过程与顺序，才能形成与依恋本质相符的观点。我们可以通过观看来访者与治疗师之间的互动视频来研究治疗中的依恋，并对此类材料加以解读，从而得出关于成年个体在关系中如何回应的结论。而治疗师只有准确地理解与这些结论有关的现象，其治疗干预才能获得成功。

本书分为三部分。第一部分"关于依恋的共识"概述了实证文献。第二部分"依恋在减轻心理痛苦中的作用"帮助我们意识到依恋现象是人际关系中有意义的体验，了解个体的情绪调节和情绪崩溃如何被（童年与成年时期的）重要人际关系所影响。第三部分"增强安全感是成功治疗的条件"根据对依恋心理过程的理解，从心理动力学的角度阐述了心理治疗工作。本书提供的一些案例源于成年人的临床个体治疗。

人们围绕弗洛伊德最初关于阻抗（不愿自我表露的态度，从而让自己难以得到帮助）的看法展开了讨论。讨论聚焦于依恋过程。本书独具匠心地用新的方式取代传统解读，将内在工作模型（Inner Workinrg Model，IWM）或脚本（script）视为通过推断得到的个人依恋关系模式。简单而言，依恋关系中彼此的依恋过程是重要的，是对依恋的正确理解。因为依恋过程关系到自我和他人之间相互关系的质量。如果将个人抽象地理解为单独的个体，就会发生去语境化（decontextualisation）的现象；而仅考虑个体差异，依恋也只会表现为人们之间的重复过程，其形式及易重复的方式都会因个体偏好的不同而有所不同。在构建人际关系理论时，如果在两人关系或家庭多人关系中大家的关注度过于集中于某一人身上，那么本应给予所有人的适当关注就会被分散。这就给实践提供了理论支持，让治疗回归有效治疗实践的根本。而回归这个根本，我们可以看到伦理、治疗联盟、治疗的安全框架（有时被称为抱持或涵容）及治疗目标（例如，让来访者可以参与安全的咨询过程，或者帮助人们获得所需的治疗或其他帮助）之间的联系。不管使用怎样的流派名称，治疗都是一项实践活动。如果治疗师无法在治疗细节（包括工作人员或会面场所的基本规则）方面帮助来访者实现细致的知情同意，那么在治疗中这种不明确性可能会带来问题。这类问题的产生体现出向新的来访者说明情况及对新的来访者开展评估的必要性。

依恋理论综合了精神－分析、心理动力学疗法、认知科学和发展的理论。本书所提及的"精神－分析"（psycho-analysis）一词为弗洛伊德创造该词时的本义，特指他所采用的方法。我没有使用"精神分析"（psychoanalysis）这个通用术语，因为这是自弗洛伊德之后所发展出来的一系列方法的总称。依恋心理学的固有属性是控制系统（有时被称为控制论或系统论）的动态平衡。在进化、身体、意识和潜意识过程等问题上，约翰·鲍尔比受到20世纪许多思想家的影响，他将控制系统理论作为解释依恋的核心理论，玛丽·安斯沃斯认为，最好将有意义的依恋传递理解为参与者彼此间相互联系的多种形式。我们可以从不同的理论视角来理解这些形式，而且每种视角都以自己特有的方式强调了这些形式中的某个方面。例如，行为遗传学的证据显示，基因遗传对依恋的影响很小。

心理学家们尝试将该领域所使用的术语标准化。在本书中，"治疗"（therapy）指各种个体谈话疗法与动作物理疗法。依恋"模式"（pattern）仅指婴儿依恋与儿童依恋的分类或脚本。"过程"（process）、"心态"（state of mind）与"依恋动力"（attachment dynamic）指成年人依恋互动中亲密感和距离感的实时动态叙述。尽管不同文献对同一心理过程的命名存在差异，下列多个不同术语强调的仍是同一种过程。"安全型"（secure）指安全型儿童和安全自主型（secure-autonomous）成年人。"焦虑型"（anxious）指反抗型（resistant）、纠缠型（enmeshed）、焦虑型（anxious）和矛盾型（ambivalent）儿童和不安全迷恋型（insecure-preoccupied）成年人。"回避型"（avoidance）指害怕型（fearful）、退缩型（withdrawn）儿童和不安全忽略型（insecuredismissing）成年人。"无组织型"（disorganised）包括所有迷失型（disoriented）、未解决型（unresolved）及无法分类的依恋形式（不包括儿童的依恋障碍）。实验形式的基准是陌生情境实验（Strange Situation Procedure，SSP）和成年人依恋访谈（Adult Attachment Interuiaw，AAI），后者针对受访者在描述自己与父母亲（特别是与母亲）的关系时所体现的叙述风格及言语内容进行分析。确切地说，还存在难以分类的第五种儿童和成年人依恋模式，它包括陌生情境实验中的两种重聚行为，以及成年人在 AAI 中得分相同的行为或多次拒绝回答标准化问题的行为。为清晰起见，下表将上述所有名称进行了对比。

SSP	AAI	本书
安全型 （Secure）	安全–自主型 （Secure–Autonomous）	安全型 （Secure）
不安全反抗型 / 不安全矛盾型 （Insecure–Resistant / Insecure–Ambivalent）	不安全迷恋型 （Insecure–Preoccupied）	焦虑型 （Anxious）
不安全回避型 （Insecure–Avoidant）	不安全忽略型 （Insecure–Dismissing）	回避型 （Avoidant）
无组织型 / 迷失型 （Disorganised / Disoriented）	未解决型 / 无组织型 （Unresolved / Disorganised）	无组织型 （Disorganised）

本书使用《标准版西格蒙德·弗洛伊德心理学著作全集》（*The Standard Edition of the Complete Psychological Works of Sigmund Freud*）中弗洛伊德所做的评论。以下是重要的免责声明：本书的部分内容以我个人的临床实践为基础，书中的案例绝对不会出现任何真实姓名。若有雷同，纯属巧合。

最后，我要感谢纽约州立大学石溪分校社会和发展心理学教授埃弗里特·沃特斯。我们以电子邮件的方式就儿童依恋和成年人依恋的本质展开了讨论，他还对本书的研究方法做了权威评论。感谢伦敦卡纳克（Karnac）出版社的所有人，他们帮助我编辑书稿并更正语法错误。感谢苏珊·达林顿（Susan Darlington）对上一版手稿所做的编辑方面的评论。

第一部分 关于依恋的共识

第一章 依恋现象及其背景

第二章　标准解释及其过程

第三章　心理动力学、动机与防御

第三部分　增强安全感是成功治疗的条件

第七章　依恋的心理动力学

第八章　依恋过程评估

第九章 一些复杂案例

第十章 治疗是一个安全型依恋过程

第一部分　关于依恋的共识

依恋理论涵盖了与寻求照料和提供照料（caring）相关的众多现象。这些现象的积极方面包括对于爱、联结（connection）和归属感的体验，以及具有与他人联系的基本能力（即在与他人联系方面个人有信任度、感觉值得且有渴望）等；消极的方面包括对依赖他人的担忧和强迫性自立，对亲密关系感到困惑、不确定，甚至恐惧。心理健康专业人士期望依恋理论能够对治疗实践中的问题给出清晰的答案并指明继续工作的方向。然而，依恋理论仅仅对与依恋相关的现象提供经验数据，对依恋研究的发现提供解释。就现象的实际情况而言，如果解释数据的视角不准确，研究的基础也会出现混乱，并且人们会从这些不准确的理解出发继续开展研究和实践。在这种情况下，研究和实践会彼此脱节。为了避免在基础研究和实践应用之间出现这种不协调的现象，本书将依恋的关键方面明确概念化为可被稳定观察到的事件，从而将研究人员的研究结果与治疗师的实践工作进行有意义的结合。

心理治疗一直以对心理过程的假设为中心，该过程与心理感觉的客体有关，所以我们将概念化视为弗洛伊德式诠释（或解释）的当代版本，这十分重要。本书在第一部分首先界定了依恋的过程，以便对依恋现象做出心理学解释。尽管儿童的依恋现象与成年人的依恋现象有所不同，但是人们对人类的依恋提出了以下假设，即依恋心理过程的形式一旦确定，终其一生都是相同的。第一部分主要考虑了治疗师与来访者一起工作前，理解和选择依恋各个方面的可能性。除此以外，有几种治疗取向都认为，依恋理论有助于人们理解爱、理解亲密关系与友谊中所发生的事件，并意识到养育和健康行为对个体一生所产生的影响。

第一部分并未涉及与依恋相关的关系类型，而是在理解贯穿个体一生的人与人之间的依恋过程时，从本质与理论的必要性出发对依恋进行了定义。该部分可以帮助读者为理解依恋做更多储备，且内容包括依恋在强度上的多变性、时间上的稳定性，以及在各种类型之间转换的灵活性。前三章对鲍尔比和安斯沃斯所提出的依恋模型（重点放在自我和他人之间的互动上）的标准解释加以拓展，因此，该部分首先强调从心理学的角度理解依恋，将依恋心智化并明确其所代表的意义，而非将注意力放到各种十分流行的研究视角和细节上。尽管一些研究依恋的方法强调从神经科学、进化论及其他方面着手开展研究，但本书中的研究更倾向于将依恋首先视为一种心理过程，因为在对人与人之间心理过程的研究中，心理学解释非常重要，且必不可少。

第一章　依恋现象及其背景

依恋理论是帮助我们认识和理解日常生活中各种照料关系的一张地图。当代依恋理论包含各种流派。本章将对与依恋理论相关的问题进行解释。本章在儿童和成年人发展的背景下对依恋进行概述，以便帮助我们了解儿童时期形成的依恋模式如何延续到成年期。对成年人而言，延续下来的依恋模式可能因为各种原因存在局限性，或者并不适合现今的情境。依恋是人类发展的一部分，因此在本章中，我将对儿童依恋发展的背景加以概述，为下一章介绍依恋模式和依恋过程的定义做准备。下文将进一步关注意识如何保护个体自身免受次优（suboptimal）照料的影响并建构出个体对心理痛苦的独特心理意义。这些有助于治疗师在工作中记住来访者、与来访者共情，以及理解包含两人及两人以上的任一关系类型中的"推"与"拉"。同时，因为涉及的照料者和被照料者所承担的角色不同，所以对应了不同类型的照料和被照料。本章还将帮助读者了解安全型依恋中的安全基地现象，阐述理解依恋理论时的关键方面。

依恋心理学导论

依恋心理学是一个复杂的领域，目前相关的研究百花齐放。依恋是由多种影响因素组成的，是自我和他人之间的一系列复杂连锁意识。依恋作为一种过程解释很容易被理解，因为它属于社会心理学的范畴，涉及一系列可依靠常识辨别的心理客体。从婴儿期、儿童期一直到整个成年期，依恋现象都很容易被观察到。作为一种感受体验，依恋始于早期儿童照料和养育。关于依恋的研究

表明，照料的质量和数量会对成年人产生半永久性的持续影响。例如，在如何
与他人相处方面，以及作为个体如何管理情绪等方面。相对而言，童年和成年
阶段的依恋模式是根据各自所处的背景环境确定的。依恋是个体通过社交的方
式习得的，并在其一生的发展中发挥桥梁作用。个体在婴儿期得到的充分照料
不仅能够促进其日后的充分发育，而且还会对其成年后的身心健康产生半永久
性的持续影响。最初接受的照料类型将决定个体在此后的人生中处于心理痛苦
或放松状态时与他人的相处模式。不同个体在压力下的反应存在差别，这些差
别与其智力或年龄无关，而是由其早年所受的影响决定的。这些模式效应会随
着成年人在压力下产生的半永久性依恋过程的效应累积而变化。

在解释依恋理论的具体内容之前，需要说明依恋研究中的实证方法。本书
并未深入评估实证方法和心理测量学，以便支持对某些方法论的信心，或者
揭露其他理论的不足。心理学家对依恋的关注始于 1944 年至 1987 年间。当
时的发展心理学家采用观察性实验的方式评估了儿童及其成年照料者之间的
依恋现象。20 世纪 80 年代以来，社会心理学家开始使用其他方法研究成年
人依恋现象，其中之一便是使用"亲密关系体验量表"（Experiences in Close
Relationships，ECR）。该量表是一种自陈式量表，其中的问题较常规，而非与
参与者具体的依恋关系相关。然而，ECR 的研究结果与陌生情境实验及成年
人依恋访谈的研究结果均不相关。

发展心理学家还设计了各种版本的成年人依恋访谈。例如，"当前关系访
谈"（Current Relationship Inventory，CRI）是成年人依恋访谈的改良版，意在
了解参与者当前与其长期伴侣的关系。这些访谈确实与陌生情境实验相关。"亲
密关系体验量表（修订版）"（Experiences in Close Relationships Revised，ECR–R）
是新版的 ECR，它研究的也是一般关系，而非具体的依恋关系。因此，社会
心理学上的依恋自陈报告与成年人依恋访谈并不相关；基于同样的原因，我们
也无法将陌生情境实验考虑在内，因为与陌生情境实验相比，ECR–R 研究的
是完全不同的依恋现象，后者研究的内容偏向于一般信念与期望，而不是与特

定客体相关的信念与期望。这意味着，两种研究的结果无法混用。严格地说，这意味着，ECR、陌生情境实验及"与家庭观察和特定依恋无关"的社会心理学研究结果不应被称为依恋。

对于研究设计的形式，需要注意的是，普通读者并没有意识到 ECR、ECR-R 与陌生情境实验和成年人依恋访谈并不一致，甚至 ECR、ECR-R 评估的现象也是不同的。社会心理学家和人格心理学家所采用的实证方法也许会包括诱导实验与自评问卷，但是如果研究对象不是成年人之间具体的依恋关系，那么这些研究得出的结论就与依恋无关。在与埃弗里特·沃特斯交流时，他解释说："理解成年人依恋时的局限性在于，一个人在其一生中是否会与不同的人建立相似的依恋关系，对此的研究相对较少。另一种说法是，在成年人亲密关系中建立的依恋类型受伴侣特质的影响很大。因此，从与一位伴侣相处变换为与另一位伴侣相处，个体不一定会秉持非常相似的关系组织方式。可以肯定的是，一生的依恋关系这个议题自身具有的纵向性特征是导致这方面数据缺乏的原因。"

在儿童身上，安全基地现象得到了充分验证，而发展心理学研究已经表明，成年人依恋访谈与陌生情境实验的结果呈现相关性。然而，目前还难以从认识论上说明成年人依恋现象在成年人身上是如何出现的。因此，为了确保所有参加者从相同方向参与一个项目，研究者在研究中需要保证解释方法与方式的质量。下文所述的矫正（remedy）可以用来明确儿童和成年人在不同情景下的依恋现象。心理学家们在依恋理论的发展上需要保持谨慎的态度，在应用实证发现之前，他们首先需要相互参照并根据经过验证的信息来源得出结论。

依恋理论是一种源自发展心理学的论述，因此在被动地接受不同心理过程的结论之前，需要考虑更多的背景因素，如进行同类对比和实验复制等。这意味着，如果一个研究小组重复另一个研究小组的实验时，在可接受的误差范围内应该得到相同的结果，那么这样的结论才具有可信度。在对成年人依恋的理解中，被证明行之有效的成年人依恋访谈这一方式占据着主导地位，它是一种用于研究成年人的依恋记忆与口头叙述（当然，还有其他方式）的标准化访谈程序。另外，思考这四种依恋类型的动机也是一件有趣的事情。一项针对接受过成年人依恋访谈的美国母亲的元分析发现，她们之中的 56% 拥有安全型依恋过程，10% 拥有焦虑型依恋过程，16% 拥有逃避型依恋过程，18% 拥有无组织型依恋过程。个体的每一种依恋过程都致力于应对情感关系，个体或处于其中，或在其中体验新的事件。既然依恋过程是半永久性过程，那么它就可以在不同的关系环境中被观察到，依恋有其内在工作模型，从而产生一套可以自我维持的习惯、信念和条件，它们受过去与当前互动的影响。关于个人的内在工作模型及基于此建立的关系的质量，鲍尔比对有意义的自动初级过程及其所涉及的情感做了如下定义：

> 在该工作模型中，个体就其依恋客体所建立的表征模型的性质与个体依恋行为的组织形式均可被视为始于生命第一年，且于其整个童年和青春期几乎每天都重复学习和体验而形成。与通过相似方式掌握的身体技能相比，依恋的认知和行为因素根深蒂固（用专业术语来说是"过度习得"），以至于可以潜意识地自动运作。
>
> ……缺点是，认知和行动一旦自动化，就不容易接受意识的加工，因此很难改变。

依恋是多种形式的心理过程之间的各种潜意识运作过程。依恋根深蒂固，由所养成习惯的鲜活体验构成，但仍有改变的余地。依恋在整个生命周期中是半永久性的，既表现出变化性，也表现出难以改变性。鲍尔比认为，可以通过一些方法来检测依恋地图的准确性（即其与生活实际情况的符合程度），因此可以通过具有影响力的关系和体验来更新依恋地图。然而，更新条件的类型仍有待探究：它不是行为理论中经典操作性条件反射所模拟的那种类型，因为联结的强度会增强或减弱，依据的是所发生的事件对个体的意义及与个体互动的他人的依恋倾向。当与个体互动的他人能够理解个体时，个体的依恋及其运作便获得了有意义的激励。因此，可观察到的行为被视为有意义的动机序列（motivational sequence），且具有整体意义，该整体意义的形式可以根据过程之间的相互比较加以解释。

即使是最小的有意义的单元也有其开始、中间与结束阶段，而且该单元存在于更大的、有意义的激励行为的时间背景下。这些关于自我的过程以不同的方式运作，并且拥有独特的形式和功能。这四种依恋过程在强度和发生频率上是连续的，但是它们也展现出持续的（按照婴儿期形成的行为方式行动的）心理动机，且类似心理动机贯穿于整个成年期。然而，在人生的各个阶段，在任何关系中发生的事情每分每秒都在变化，而且关系和环境中的改变也会导致差异的产生。诸如吮吸、抓握、视觉跟随、哭泣和微笑等婴儿的本能反应是我们可观察到的婴儿与照料者之间的互动模式，其根本功能是保护个体和调节繁衍。婴儿期的依恋存在进化学意义的一面，依恋塑造成年人关系的方式亦是如此。个体在感到焦虑或需要安慰时寻求照料者可以体验到安全基地，而其照料者的反应类型会形成其依恋模式。这种影响如此巨大，以至于儿童依恋模式在人生的前 20 年内都将保持稳定，并有可能在以后的生活中产生类似的依恋过程。

依恋研究的结论是指基于亲密关系中常见的一系列现象。然而，关于依恋理论，目前仍众说纷纭，尚未达成共识。强调生物学的观点认为，依恋是人格的一部分；强调社会心理学的观点认为，依恋与从文化中习得的育儿实践有关；也有观点强调神经科学与生理发育。斯鲁夫（Sroufe）和沃特斯认为，依恋是人类发展中的一种中介变量或组织结构，为社会学习的规范性方面与亲密的认知情感方面提供支持。即使在同一段关系中，在单次对话或一系列会面中，个体也有可能体验到一系列吸引或排斥的力量。这些力量导致个体对关系内在体验的安全、焦虑和回避过程。对于其他人，尤其是那些过度依赖焦虑型依恋过程的人来说，存在瞬变现象，即其情绪或自我观感随着他人对自我意向的印象而改变。

成年个体彼此之间也存在安全基地的现象。当安全基地缺失时，个体会出现两种不安全型次优依恋现象。第四类无组织型依恋过程是这两种不安全型依恋过程的混合型。我们面对的问题是，如果在临床上难以识别依恋现象，那么关于依恋现象的理论就不能用来理解来访者，也不能提升他们运用治疗关系的能力，而治疗关系是心理治疗可以发挥疗效的媒介。在依恋理论建立的过程中，至关重要的一点是要引用可被意识到的证据并说明如何对其加以解释。

依恋简史

依恋理论的诞生要归功于约翰·鲍尔比在伦敦儿童辅导诊所中所做的工作。在第二次世界大战期间，他开始在那里研究照料关系中断（disruption）与心理痛苦在儿童身上的后遗症。他注意到一些反复出现且相对而言互不相同的关系模式。此后，相关的研究文献便如雨后春笋般涌现。依恋的真正含义是研究爱与照料及其在人一生中的变迁。鲍尔比指出，许多最强烈的情绪都是在依恋关系形成、维持、中断和更新的过程中产生的。与某个人形成联结被描述为坠入爱河，而维持与某个人的联结被描述为爱一个人，失去伴侣则被描述为哀悼一个人。同样，存在丧失的风险会引发焦虑，真正的丧失则会引发悲伤；而每一种情况都有可能引发愤怒。请注意，这句话指出，个体对现实与可能性都有积极响应，表明感受到存在丧失的风险与真正的丧失都会让人感到心理痛苦。意识在亲密世界中发挥作用时，采取的方式是有意义、有动机且临时建构的。个体对自己过去的理解可以指导其将来的恢复。鲍尔比将依恋定义为亲密生活的地图："依恋行为是指会导致一个人趋近或留在另一个被认为能够更好地应对世界的人身边的任何行为。"例如，年幼的孩子会在夜里呼唤那些在他们感到不安时会帮助他们的人。他指出，如果说儿童（或老年人）依恋某个人或对某个人存有依恋，就意味着他极其想趋近那个人并与之联系，尤其是在某些特定的条件下……因此，依恋是指个体为了实现或保持同依恋客体的联结而不时采取的各种形式的行为。

对纯直觉观察进行检验的方法被称为"证伪主义"。从经验上看，依恋表现为四种独立的关系模式，在个体婴儿期及以后的成年生活中均可被发现。这四种独立的关系模式共享情绪的意义和动机、他人的同理心，以及对此时此刻自我与他人关系中自我意识的解释。因此，依恋影响自我和他人之间关系的许多方面，以及自我如何从自我反思的角度看待自己。未来的经验性方法要先参照陌生情境实验的结果与家庭观察，然后在大量成年人环境中谨慎得出关于成年人依恋的结论。然而，我们对（研究中如何让测验与可观察的依恋体验本身保持一致的）心理测量学和元心理学应该有所了解。其中，值得我们关注的是实验细节、心理测量的特性及所用方法设计的利弊。例如，有许多方法可以在实验中通过诱导使成年人产生压力，以确定与在无压力状态下相比，成年人在压力状态下的行为模式。这种诱导产生的压力情景模拟了依恋的情境。例如，研究人员可以通过以下方法诱发实验参与者产生压力，即要求实验参与者完成心算任务，一旦算错，重新开始。

在鲍尔比之后，发展心理学得到了拓展并在关于依恋的研究上贡献了许多实验数据。一些研究者关注对成年人的关系及成年人所处情境产生影响的细节，这要求他们持整体观，将人类视作生物、社会、心理的整体。因此，采用这种观点能够关注到养育幼儿的家庭所处的特定社会环境这一更大的背景，通常，尤其是在其他发展过程的背景下，在这些家庭中，照料的具体质量是大家关注的重点。依恋心理学表明，个体在与他人建立联系时存在各种过程，每种过程都相对独立且让个体形成自己应对问题的方式，同时也让个体有可能增加其与他人的情绪亲密度。然而，不安全型依恋过程可能会被过度使用，这样它便成为管理亲密关系的次优方式。下一章将详细介绍这一点。

最早提出存在安全基地的人是约翰·鲍尔比，但引入这一概念并证明其真实存在的人却是玛丽·安斯沃斯。年幼的孩子会在需要时寻求父母或身边某位家庭成员的照料与安慰。在安全型依恋过程中，给予照料的成年人会如儿童所期望的那样缓解他们的心理痛苦。儿童能够习得在感受到沮丧或威胁时如何寻求帮助。这种现象就是安全基地现象，即回到依恋客体身边寻求安抚与安慰，获取的这些抚慰可以使其返回到其他活动中，如玩玩具和探索等。通过这种方式，儿童掌握了一种在心理痛苦时能够不断创建的照料联系。父母与子女之间（或成年人之间）形成一种清晰可辨的模式，这种现象展现了幼儿如何学习理解周围的人。

依恋视角是由玛丽·安斯沃斯及其同事提出的，他们采用众所周知的实验程序对12个月至20个月大的婴儿及其父母开展了观察性研究。根据标准流程，实验人员将父母与婴儿分开两次，每次三分钟，以观察其中的差异。陌生情境实验展示了在成年人行为的基本参数保持不变的情况下，母亲与婴儿之间关系的正常模式。陌生情境实验采用固定的形式，除参与的母子不同外，其他所有条件均保持不变。陌生情境实验由以下八个步骤组成。

第一步，母亲与婴儿被带至装有隐蔽摄像机的实验室，用一分钟的时间熟悉环境，母亲用房间里的玩具逗弄婴儿。

第二步，在接下来的三分钟里，母亲坐着不动，对婴儿的互动要求做出回应。允许婴儿探索玩具和房间。

第三步，陌生人（研究中心主试者）进入房间并停留三分钟。陌生人第一分钟安静地坐着；第二分钟开始接触婴儿，与其互动；最后一分钟与婴儿互动或玩玩具。

第四步，母亲离开房间，婴儿与陌生人共处三分钟。如果婴儿开始哭泣，陌生人给予其安慰。如果婴儿拒绝或抵制，陌生人不会坚持。如果婴儿表现得十分痛苦，这一步可以提前终止。

第五步，母亲回到房间，陌生人离开。母亲与孩子第一次团聚，计时三分钟。

第六步，母亲再次离开房间三分钟，婴儿独自待在房间里。如果婴儿表现得十分痛苦，这一步可以提前终止。

第七步，陌生人回到房间并停留三分钟。如果婴儿哭泣，陌生人将主动触摸婴儿。如果婴儿无法被安慰，或者母亲要求缩短这一步骤，这一步可以提前终止，陌生人离开房间。

第八步，最后三分钟，母亲再次回到房间，必要时触摸并安慰婴儿，待其平静之后，允许其玩玩具或探索房间。

陌生情境实验表明，尽管婴儿的行为各不相同，但他们的反应有一定的规律可循，根据分离焦虑和团聚回避这两个维度上存在的差异，可以将反应分为四种独立的形式。

"脚本"这一概念呈现了一种重复出现的依恋动力，其中照料者与儿童之间的互动就像一场场重复的表演：双方对各自的关系性理解往往保持不变，或者以一种有规律的方式进行。尽管参与者难以从理智层面解释自己的思路，但它是在前反思（pre-reflexive）的意识水平上自动发生的，这种前反思与身处某种关系或社会背景之中应该如何行事有关。这里的脚本概念相当于内在工作模型，但它能以一种更具参与性的方式捕捉动态的因果轮回，而且它对完整体验加以抽象，以便呈现人与人之间的重复过程。继埃弗里特与哈里特·沃特斯之后，安全基地脚本囊括了八个方面，代表负面事件的构成及其重新恢复平衡的过程。安全型依恋过程及返回安全基地的安全基地脚本是使个体从负面事件中得到恢复的积极、协调的动机序列。

第一，我们以儿童与成年人依恋客体之间积极联系的体会（felt sense）为起点。这样，当儿童在成年人在场的情况下探索或玩耍时，双方在积极的合作中都能获得平衡感。

第二，如果某个事件或活动对儿童构成威胁，或者对其而言是淹没性的，儿童会感到痛苦甚至情绪失控，这就会激发儿童对依恋的需求。

第三，随后，儿童停止探索或玩耍，开始寻求帮助，希望成年人能够帮助自己解决问题，关心自己的痛苦，或者关注该事件所反映的问题。

第四，儿童对成年人提供帮助的质量与时机十分清楚。

第五，儿童接受了帮助。

第六，这种帮助对儿童而言十分及时，很敏感地贴近且适宜儿童的需求，因此对儿童而言是有效的。

第七，这种帮助同时可以缓解儿童的紧张，减轻其痛苦，带给其情绪抚慰与安慰。

第八，交流结束时，儿童与成年人依恋客体之间积极的合作关系重新回到平衡状态，儿童再次开始探索或玩耍。

儿童的安全基地现象及其第一个定义

依恋行为在个体的儿童时期便可以被观察到。例如，在陌生情境实验中，儿童会表现出呼唤、传递眼神、打手势和言语交流等行为，研究者们将其解释为激活了一种无法直接被观察到的推断性依恋行为系统，该系统既不等同于也不依赖于诸如饥饿或性等其他动机体系统。这一点很重要，因为任何两个人之间都会出现可观察到的特定现象，其中一些归为依恋，而另一些则只构成依恋的背景。但是，如果所提供的照料是不安全型的，或者在照料过程中存在忽视和虐待，那么在陌生情境实验和家庭观察中就会出现完全不同的重复现象。如果儿童处于压力之下，重复的就是相关联的这些不安全型依恋过程。当他人的行为与儿童体验到的心理痛苦呈现出难以预测的变化时，儿童就会出现不安全型依恋模式。然而，依恋中的个体差异会反复出现且能够被改变，能够被影响。以下是当代儿童依恋研究中最近确定的六种可被观察到的现象。

现象一：不论在哪个年龄段，依恋都使个体具有与特定的人建立联结并产生积极的情绪投入的潜力，个体希望能在身体上与依恋客体亲近、接触，从而在依恋客体的身上体验到安全基地。对儿童来说，依恋客体通常是他们的亲生父母。依恋始于婴儿期得到的来自父母、其他家庭成员和有偿照料者的照料，这些客体满足了儿童被照顾的需求。如果父母按自己的教养方式能对儿童的需求给予恰当的回应，安全基地就能产生并终生对个体有持续的积极影响，即使家庭外的影响正好与之相反。依恋是一种几乎不受遗传影响的生物性倾向，可以在婴儿时期的探索、游戏及成年后的类似活动中使个体保持放松与自信，并且会对个体自身的发展和个体的社会化产生影响。从动机的角度分析，安全型依恋产生的动机性原因是当前个体的心理和社会动机，这些动机也形成了个体差异，这种差异可被视为对他人进行积极的情绪投入并与他人保持联结的普遍趋势。如果发生了分离，那么根据个体在生命中所处的时段，由于个体希望重获亲密关系，或者因为没有亲密关系而感到沮丧和失望，因此会传达出不同形式的心理痛苦。

现象二：依恋模式并不显眼，在大多数情况下，依恋模式受个体婴儿期得到的父母照料的影响。然而，依恋模式一旦形成，就是持久且变化缓慢的，这种观点即依恋模式的"原型观"。模式重复出现最根本的原因和动力是依恋客体对与儿童重聚的回避程度及与儿童分离时的焦虑程度。换言之，个体通过学习形成了内在工作模型，创造了内在的动机场，这些动机场激励个体进入四个独立的过程，以便寻求依恋满足、保护自己，以及避免心理痛苦。

现象三：依恋能够让个体产生外显的行为、沟通交流及隐性预期（包括依恋客体将如何表现、自我如何与其相处等方面）。照料者很可能会成为依恋客体。然而，即使依恋联结尚未完全形成，也可能存在潜在的依恋客体。即使尚未形成依恋联结，也可能存在潜在的依恋客体。在亲子、朋友及成年人之间，照料者和被照料者之间的平衡感并不相同。如果安全型依恋的儿童感到心理痛苦，他们会寻求依恋客体的照料与接触，并且他们的期望通常都能够得到满足。这种联结形成于婴儿六个月到八个月大的时候，并在儿童两岁到四岁之间最为明显。朋友、恋人之间及育儿过程中的互动都与之类似。依恋联结一旦形成，就会在以后的人生中成为个体与他人建立亲密关系的独特方式。如果儿童的依恋需求被拒绝，或者照料者对该需求的满足方式前后矛盾，就会形成不安全型依恋，那么就会出现完全不同的自我联系和自我感受的倾向，这种倾向具有终生性且不易发生改变。

现象四：个体与依恋客体的联结一旦形成，在发生分离后，个体就会表现出抗议、思念和寻找依恋客体等行为。如果长期分离，即使年幼的儿童能够理解缺席者现在身在何处，也会对此表现出哀伤。

现象五：依恋是记忆、情绪、信念、期望，以及过去特定关系留下的其他影响和个体从中学到的东西的总和，包括可以被不同的人感受到的、有意识的情绪与表达出来的感受。

现象六：成年人的依恋过程一旦形成，则与特定依恋客体和特定他人之间的依恋形式存在半永久性倾向。个体一旦在一段关系中投注了依恋，其所爱之人就不可能立即被另一个人取代。即使在被忽视和被虐待的情况下，个体也存在对依恋客体的积极情绪投入，这种投入将与消极情绪和感受共存，因为受虐者与虐待者之间存在创伤性联结。

内在工作模型不易发生变化，但可以更新升级

鲍尔比研究中的依恋动力虽然是个体与另一个人之间时刻可变的关系，但是也存在一个或多个内在工作模型，以及一种将自我置于关系中并缓慢演化的自动倾向。虽然个体拥有占主导地位的依恋过程，但是这并不排除该过程会根据此时此地的影响因素而短暂转变为其他依恋过程的可能，同时，这种主要的依恋过程在个体的整个生命周期内保持稳定。虽然在两个人的关系中个体的依恋动态会暂时发生变化，但是社会背景、最近的体验、现有关系中的新事件及其他原因的影响也会使依恋动态发生短暂的变化。遇见家庭之外具有不同依恋过程的人，也会对现有的家庭、工作、朋友和伴侣等各种关系产生影响。这些关系是个体生命中的情感源头。尽管存在这些相反的证据，但是成年人依恋在其他情况下还是具有自我维持的能力。个体在童年时期的内在工作模型是隐含

的心理模型，包含个体寻求对自我的关爱和给予他人关爱。它是建立一种亲密关系时，占主导地位的可能性，并以一种可预见的特定方式被引入所有人际关系中。内在工作模型是指个体将重要的关系编码并存入记忆和信念中。鲍尔比对内在工作模型的定义十分明确：

> 每个人都会建立关于世界及身处其中的自己的工作模型，借助这些模型，个体可以感知事件、预测未来并构建自己的计划。在个体构建的关于世界的工作模型中，一个关键特征就是个体的依恋客体是谁，在哪里可以找到他们，以及他们可能会如何回应。同样，在个体建构的关于自我的工作模型中，一个关键特征是其自己认为在依恋客体眼中自己能否被接受。基于这些互补模型的结构，个体会对依恋客体的反应做出预测，即如果自己向依恋客体寻求支持，自己找到他们并得到他们回应的可能性有多大。而且，从现在所提出的理论来看，个体是否相信自己通常可以随时找到依恋客体，或是否担心偶尔、经常或大部分时间都找不到依恋客体，也取决于那些内在工作模型的结构。

一个特定的内在工作模型可以被视为一种潜在的默认设置，一个关于个体如何被防护及两个人会如何反应的自动假设，它可以解释、理解或投射到此时此地，投射到未来，而未来可能仅仅是与共同认识或完全陌生的人的会面。鲍尔比称，内在工作模型是一种解释，它涉及信心。

> 个体不仅能够找到依恋客体，还有可能得到他们的回应。这个过程可以被视为至少开启了两个变量：（1）依恋客体是否被个体认为通常会对寻求支持和保护的请求做出回应；（2）个体是否认为他人，特别是依恋客体，会对自己做出有益的回应。在逻辑上，这些变量是独立的。而在实践中，它们很容易被混淆。因此，个体对依恋客体的内

在工作模型和对自我的内在工作模型很可能会得到发展，最终互为补充，相互确认。

鲍尔比认为，个体习得的人际关系是个体如何与他人建立关系的核心。依恋包括爱情、家庭和友谊中当前的关系与可能的关系，成功的合作，以及试图与他人接触和保护自己不遭受失望和伤害。依恋是一个初级过程，因为它是直接的，不涉及任何有意识的思考或推论。它具有情绪化、自动化的特性。这些都是潜意识的前反思现象，即身体的潜意识过程与人格的非言语基础两者如何创造和管理亲密关系。我们根据我们对自己和世界的表征模型来解释生活中遇到的每种情况。我们根据这些模型来选择并解释感受器官传递给自己的信息，评估这些信息对自己和自己所关心之人的意义，进而构思行动计划并予以实验。另外，我们如何解释和评估每一种情况还关系到自己的感受。所有这些都是生活各个领域中重要的核心体验。意义来自可识别的整体、完全形态或模式，这个观点是以客体为导向的：是一种人们朝向他们所体验的人物和背景的观察者视角的观点。在以客体为导向时，"整体"（wholes）这个术语是指在涉及模式识别、定义生活体验（lived experience）的认知和情态方面的特征时，存在于背景中的人物。一个整体可以是关于一系列体验的动机序列，这些系列体验显示出重复性模式，体现的是与亲人及最亲近的人建立关联并找到安全基地的特别方式。

现有观点认为，依恋是指儿童所具有的个体差异。依恋是进化的结果，因为它是所有哺乳动物共有的生物潜能。本书对上述两种观点提出了挑战，认为内在工作模型是自我和他人"相互之间的关系"。下文所讨论的对于依恋的解释会将照料者和被照料者作为一个整体来考虑。这意味着，由两个人共同创造的依恋动力是主体间的（intersubjective）；也就是说，它涉及人与人之间、主体与主体之间所存在的东西。

两个维度：焦虑与回避

陌生情境实验中的两个基本过程是团聚回避的程度和分离焦虑的程度，它们引导研究者发现了个体与依恋客体分离时的四种不同的依恋模式。在分离时，焦虑维度会显现，此时个体也会表现出抗议，这是个体以不成熟的方式呼吁照料者，以期与之重新建立联结。焦虑型依恋模式的个体发出的这种信号十分强烈，这些焦虑信号让他们在团聚时不停地吵闹，也因为照料者不可靠让他们难以被安抚。如果照料者秉持忽视和漠不关心的态度，那么回避维度最为明显：既然个体表达痛苦会遭到拒绝，那么他们必然要压抑这种想要表达痛苦的意愿，以此换取依恋客体所提供的最低限度的照料。对依恋中驱力的概念化需注意以下四点。

- 个体在团聚时的高回避与低焦虑包括回避及表面上的低心理痛苦，但表现出明显的反应空白，以及压抑怨恨与愤怒的迹象。
- 个体在团聚时的低回避和高焦虑型模式是以一种特定的焦虑方式与他人建立联结的倾向。这一类型的个体在团聚时伤心欲绝，不断发怒，即使他们体验的只是短暂的离别与团聚。
- 最不回避、最不焦虑的群体通常是那些与他人建立了安全型依恋的人。这类人拥有与他人沟通的能力，很容易与他人合作并创造出安全基地现象。当他们感到心理痛苦时，会寻求并得到他人的照料，从而使情绪得以恢复。他们可以在重建与他人之间和谐体验的同时抚慰自己的心理痛苦。
- 无组织型依恋者的行为更容易表现得多变，但一般来说，他们会体验到高回避和高分离焦虑，很难体验到与他人合作的和平与和谐，这对在平时的生活中他们如何看待自己，以及他们如何与人相处会造成很大影响。

下一节主要解释内在工作模型。我们将从控制系统理论的角度对依恋理论的核心（即满足依恋需求）进行解读。

依恋心理动力中心的控制系统

爱德华多·韦斯（Edwardo Weiss）在 1950 年首次提出了"精神动力学"（psychodynamic）这个术语。它是指个体与生俱来的理解他人和自己的能力，这种能力会因个体的生物气质和心理痛苦的状况而不同。在描述和解释精神在内心相互作用的表现与后果时，所有人都具有某种程度的精神动力，即使这种描述不太准确。韦斯强调了（作为行为成功或失败直接反馈的）情绪在实现任何有意义的项目中所起的作用。他指的是有意识的体验，这些体验是"目的论"（teleological）的，涉及有目的且以目标为导向的行为。每当愿望、感情、情绪驱使个体行动时，他们都能意识到内在的驱力，也会意识到阻碍他们行动的对立力量。当通过行动获得满足感时，个体就会感到驱力减弱；当行动被情绪的相互作用牵制时，个体要么保持最初的心理状况，要么形成新的心理状况，且对这种新状况必须能掌控。"精神动力学"这一术语相当于"心理动机"，要求我们有能力去理解他人，可以设身处地地体会自己亲近者的感受。

同样，我们在控制系统理论中也可以找到确定一个心理过程如何影响另一个心理过程的方式，而且该方式建立在沃尔特·坎农（Walter Cannon）创建的内稳态（homeostasis）模型之上。在依恋过程和情绪调节的累积作用下，在任何个体内和人际关系中都存在一种类似于系统的东西，一个复杂且具有依赖性质的整体。正如鲍尔比所知的那样："第一年年末，个体的这种行为已经在控制论上具有了组织性……每当某些条件得以满足时，这种行为就变得活跃，而当另一些条件被满足时，这种行为就会停止。"此前，人们曾试图将自我对亲密他人和自身心理痛苦的回应进行建模。在没有运用治疗学和心理学理论进行批判性评价的情况下，这些尝试成了指导思想。控制系统理论指导思想的最早表述出现在坎农的《身体的智慧》（*The Wisdom of the Body*）一书中，在书中，他提出了内稳态思想。坎农将其作为身体自我修正（self-correcting）的方面，是输入和结果之间的波动，以及实现状态之间动态运动的各种方式的指导思想。当身体的许多部分维持最佳功能水平时，生物学中提到的内稳态就会出现。在"控制论""反馈"及"系统论"等术语框架下，目的论和有意义的导向观就是不做价值判断，也不考虑逻辑和常态的一种心理动力学类型的功能主义。例如，系统论解释了心理动力在需求与满足之间不断变化的动机序列。控制理论的思想在生态学、人体、家用技术设备及其他各种技术成就中都得到了体现。为了维持稳定的功能范围，有必要对一个物品及其驱动过程进行自动控制。但是，如果系统的输入快速变化，并且可能导致意外事件发生，那么现象与稳态预测之间并非总能保持一致。

最明显的体现就是集中供暖中的恒温器。必须指出的是，根据控制系统理论，控制可以产生满足感（satiation），如果是这样，当个体的驱力需求实现，个体获得满足感时，其需求就会暂时减少。电气和机械反馈系统中都有与系统理论相似的观点，如汽车悬挂装置中的弹簧和减震器系统或陀螺仪的工作原理。以集中供暖为例，如果恒温器的温度已设定好，且其周围的温度低于设定温度，集中供暖就会开启，直到周围温度达到设定温度，集中供暖才停止加热；如果周围的温度降低，加热系统就会被触发，重新开始加热。这个过程不断重复，最终使温度保持在恒温器的设定值。控制系统理论如图 1.1 所示，该图记录了反馈控制是如何实现设定目标的。

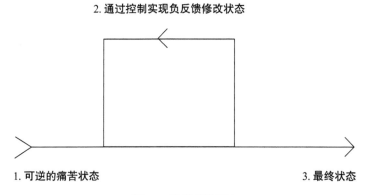

2. 通过控制实现负反馈修改状态

1. 可逆的痛苦状态   3. 最终状态

图 1.1　控制系统理论

对作为社会性生物的人类而言，控制系统理论的关键原则是，每当自我为实现（或不实现）某个目标而采取行动时，个体就会对自己的行动能力进行情感上的评价，这仅仅是因为人类具有自我意识。这种能力是个体（通过意识到自己的状态并采取行动）改变自己状态能力的一个先验条件。换言之，个体只有通过检查自身实现任何目标的有效性，才能真正显示出其对自我的可信评估。要做到这一点，个体必须先确保对自己公平并在此前提下关注与自我成就有关的证据。对任何被强烈的心理痛苦所驱动的自我来说，这都是很难做到的。

依恋过程中的核心现象是，不论周围实际情况及未来发展有何可能，自我修正的倾向跨不同领域存在。在安全型依恋过程中，有一种特殊的自我修正。当安全型依恋过程的人能准确地接收他人的信号并以有效的方式与对方沟通时，这种自我修正就会出现：这个过程体现了"目标矫正型"伙伴关系及其与换位思考之间的关联。依恋被认为是一种目标矫正型关系，在这个意义上，两个人的关系与合作可以在他们之间建立起一系列和谐的呼唤和反应，并让他们分享同一个目标。这标志着主体间性的实现。所以，父母与孩子之间共享同一个目标。

对不安全型依恋过程和无组织型依恋过程的个体而言，其内在如同放置了依恋恒温器，并具有一种倾向，即毁掉那些可以改善联结和交流质量的证据。但是，如果改善没有发生，即使个体确实有这种感受，也会忽略它。从比较的角度来看，根据某种内隐的信念及对安全形式的理解，个体有可能确定哪些影响由双方的行为造成，并将其与可能或应该产生的影响进行比较。从未被满足的需求到安全基地带来的满足感，依恋现象可以用图形来描述。图 1.2 用控制理论术语表示了依恋系统的管理方法。

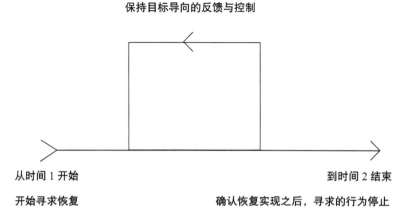

图 1.2   控制系统理论，适用于寻求照料及在任何依恋形式中接受照料的情况

鲍尔比指出，依恋最初发生在寻求满足的个体所需的必要的内部和外部条件得到实现之时。它的目标是朝向一个尚未实现的状态，获得他人的靠近和关心。个体的整个依恋过程受到与生俱来的情绪－关系反馈的监控，它不仅能够选择所要满足的特定方向，还能表明何时达到了令人足够满意的水平，何时令人产生了不同类型的满足感。焦虑型依恋模式和回避型依恋模式的儿童接受的养育方式是，照料者对他们的交流反应迟钝，以及在各方面都不敏感和不准确。无组织型依恋模式是由包括创伤、虐待或忽视和混乱在内的养育方式和成长体验造成的。例如，焦虑型依恋模式的人会呼唤对方，请求对方提供帮助并来到自己身边，因为他们对自我的设定是大声呼唤，以满足自己的需求。另外，回避型依恋模式要求尽量少接触。无组织型依恋是种准依恋，因为拥有该类依恋的个体未能形成单一的依恋模式。无组织型依恋模式的人最难被治疗，治疗中需要更明确的合作目的。安全的依恋会给个体带来持久的满足感，表明个体心理健康状况良好。这些内在工作模型的共同之处在于，固有的情绪、关系和沟通等方面有特别的设定，如果想要改变，需要不同的矫正条件。本章的其余部分将简要说明依恋的发展背景。

依恋的情境化是儿童发展的一部分

个体在 20 岁到 30 岁的经历对其依恋发展影响很大。第一次离开原生家庭遇到新情况时，个体在安全感方面可能会出现问题。儿童发展中的情境化表明，存在对发展起促进或阻碍作用的潜在保护性因素。在读者可能按照鲍尔比与鲁特（Lute）的思路，被热情冲昏头脑，认为所有事情都已得到理解之前，我们有必要提醒大家，不要对依恋的解释力过度热衷：不是每一种关系都与家人和朋友之间的亲密关系有关。在邻里关系和社会背景下，存在多种多样的社会行为，以及人们可以或应该如何互动的态度。鲁特指出，如果将依恋与情境恰当地联系在一起，就可以考虑迄今为止所有关系造成的影响的总和。这番话就主体间性对个体一生造成影响的整体过程提出了问题。从发展的角度来看，我们首先要注意的是，随着儿童逐渐成熟，他们对他人的依赖程度会不断降低。儿童积累了理解自身不断扩大的社交世界的能力，这种能力最初受早期家庭内部和外部体验的影响最大。其结果是，主体间体验的影响越来越大，从而塑造出生物基质的神经和生物化学，并提供关于如何做人、如何感受和行动的内隐关系认知，即个体的亲密世界地图。

因此，儿童的第一类关系是与经常接触的人建立的。一旦主体间性成为关注的焦点，那么需要注意的是，家庭中会发生一系列活动，包括父母和（外）祖父母给予照料的行为，设置边界、管教、游戏、提供如何成为平凡人的一般教育、喂饭和洗澡、教育他们学习文化等。依恋的质量可以被视为这些活动中互动总和的一个突现特性。具体而言，贝尔斯基（Belsky）和费伦（Fearon）建议将依恋视为一种发展的桥梁，幼儿在此过程中学习与成年人建立更广泛的关系，就像幼儿与成年人的关系将家庭内部和外部的其他形式的非母性照料联系在一起一样。儿童周围的更广泛的社会背景表明，家庭中存在主体间影响，这种影响可能支持也可能不支持为儿童及其照料者提供最佳的结果。

如果我们聚焦于儿童自身如何与让他们觉得最安全、最有爱心和最快乐的人相处的功能上，那么我们通过比较就会发现，每种依恋模式是如何以自己的方式发挥作用的。形成每种依恋模式的可能性条件不仅仅是父母、家庭和兄弟姐妹的照料所造成的主要影响。看待依恋时，需要把它与个体童年和青少年时期更大的学习背景相联系，可以说，这种背景造就了个体的依恋模式。实证研究表明，每种依恋模式都保持着自己的动态平衡，这种平衡是在原生家庭所处的社会背景和整体教养的影响下形成的。这些影响可能来自兄弟姐妹、父母或（外）祖父母和一次性体验。其他儿童、保姆、学校教师和不明身份的攻击者所造成的扰乱性、破坏性或创伤性影响对依恋是有害的。

本章接下来将介绍理解依恋模式被带入成年期所需的背景，重点是家庭周围的社会背景、对儿童需求的照料及照料者的影响。无论如何解读，童年和家庭生活都对成年个体起到了很大的塑造作用。我们在这里介绍的目的是指出人格形成的可能性条件、起作用的自我意识，以及与他人产生共鸣和联系的能力。下面将介绍一系列能够促进联结的安全型依恋过程及自我的完整性和统一性的因素；换句话说，如果缺失了这些因素，分裂的不安全型依恋过程与自我压抑就会增加，对于不想要感受或需求什么的尝试就会失败。正是后一种过程引发了心理动力学对情绪挫折及其防御性管理的特性的描述。

与发展及心理健康相关的儿童需求

在家庭中，成年人在照顾孩子时的最重要的一个方面是给予他们爱和照料，而不仅仅是关注其进食、睡眠和清洁等基本需求。儿童的一个主要需求是感受到被爱和被关心，以及他们的需求是可以被允许和接受的。这就是安全基地现象。正如鲍尔比所说："养育者提供一个安全基地，让儿童或青少年可以从这里出发，进入外面的世界，并且可以回到这个安全基地。因为他知道，当回到这里的时候，他肯定会受欢迎，在身体和情绪方面都能得到滋养，在心理痛苦时会得到安慰，在恐惧时会得到抚慰。从本质上说，这个角色能够被找到，在被要求给予鼓励或协助时随时准备做出回应，但只有在必要时才积极干预。"这意味着，婴儿在学会说话之前就拥有非言语意识，且它们可以被照料者接收到，这让个体形成一种被家庭之外的其他人接受的早期自我意识。安全型依恋的照料者允许儿童做自己，必要时会抚慰儿童的心理痛苦；如果儿童因分离而感到痛苦，这种痛苦可以得到抚慰；如果幼儿爬离照料者身边去探索房间，他们可以安全地返回，照料者也会意识到他们可能遇到的危险。儿童与生俱来的驱力是与照料者安全接触，模仿成年人，通过玩耍和探索学习。

鲍尔比用三个命题来概括他的实证研究结果：

（1）若一个人确信，无论何时他都能在需要时找到依恋客体，这个人就不会像（因任何原因）缺乏这种信心的人那样容易产生强烈或长期的恐惧……（2）这种信心（或缺乏信心）的敏感期……是在不成熟的岁月里逐渐建立的……无论个体在这些岁月里发展出了什么样的期望，都会在余生中相对保持不变……（3）不同个体在不成熟的岁月中对依恋客体的可及性和回应性具有不同的期望，且这些期望相当准确地反映了这些个体的实际体验。

安全包含着一种完整的相互关系，即成年人向儿童提供的照料能令儿童感到满足，因为成年人满足了儿童的需求。未能实现这一状态的儿童可能会出现问题。然而，一般的情绪和行为发展涉及儿童的反应是否符合他们的年龄，这体现在情感和行为上。虽然最初的社会背景是父母和照料者，但随着儿童的成长，主体间的影响会延伸到家庭之外的其他人身上。这些发展包括与新认识的人之间特定类型与质量的依恋、适应生物遗传气质特征的互动，以及适应诸如离婚、更换保姆和兄弟姐妹的出生等家庭变化。由于儿童会模仿和回应照料者，他们应对压力的方式是从父母那里模仿而来的。父母在生气或沮丧时的应对方式和自控程度成了儿童学习如何应对情绪及如何对待自己和他人的榜样。还有许多其他因素组成了依恋这一重要话题。总体而言，健康包括生长发育及维持身心健康。我们在询问成年患者的童年情况时，应考虑遗传性疾病和其他类型损伤的影响。

儿童应获得的适当照料包括生病时就医，饮食中摄入充足的营养，生活中与其他同龄儿童一起玩耍和运动，接受免疫接种、发育检查及牙科和眼科保健。对青少年来说，成年人需要就可能影响其健康的问题提供咨询和相关信息。这些问题包括性教育、吸烟、酗酒和滥用毒品等。亲社会家庭的存在及与同龄人和兄弟姐妹的社会关系促进了准确共情的发展。共情是一种能力，具备这种能力的个体可以理解他人的观点、信念和情绪背后的动机。共情是个体得以观察社会和了解世界的窗口。与照料者和兄弟姐妹之间稳定而亲密的关系、在青少年时期重要性日益增加的同龄人群体，以及家庭对这些关系的反应，所有这些共同构成对个体积极影响的要素。研究表明，同龄人群体对青少年的影响大于父母的影响。

自我意识（自我、人格或身份认同）涉及儿童所萌芽的自我意识，即自己作为一个独立、有价值的人能够平衡一些关系，即平衡自主及与他人的联结，平衡自主及（礼貌、社会交往等）文化习俗。儿童对以下方面的看法是其心理发展的重要议题，包括自身、自我的能力和形象、自尊，以及体验积极自我的能力。他人对种族、宗教、年龄、性别、性、阶级和残疾的态度也会影响个体对这些身份象征的信念。来自家庭、同伴群体和更广泛社会（包括其他文化群体）的归属感和接纳对个体而言是必要的，但这些感受可能会因种族主义、性别歧视和阶级差异而产生冲突，甚至受到伤害。自我照料（self-care）是另一个被含蓄地教导的话题。它涉及提高儿童独立性所需的实践、情绪和沟通能力。从早期的穿衣、如厕和进食等实践技能开始，儿童就会通过各种机会获取自信和发展能力，并逐渐远离家人开展活动，且随着年龄的不断增长，终至学会独立生活。尽管存在社交焦虑，以及被嘲笑、被欺凌、社交恐惧症或学校恐惧症，照料者依然需要鼓励自己的后代获得解决社会问题的技能和应对同龄人群体中紧张关系的能力。儿童的身体缺陷（如果有）和其他缺陷所造成的影响，以及影响自我照料能力发展的社会背景应特别被注意。对这部分儿童、成年人应给予帮助，促进其意识到自己的需求并使之得到满足（与习得的自我忽视相反）。

社会表征这一话题是指儿童日益了解，对外貌、行为和背离文化规范的缺陷等方面，外界持怎样的标准及如何评价。这是文化和社会规范化过程的一个方面。例如，个体根据年龄、性别、文化和宗教等因素来判断着装是否得体就有其重要性。家庭的价值观和更广泛社会领域的价值观之间的冲突意味着儿童可能会持双重文化标准，即在家庭内部采取一种行为方式，在家庭外部采取另一种行为方式，以应对他们在不同场合下对不同规范的正确理解。"教育"一词可以涵盖儿童认知和情绪发展的所有领域，"educare"这个拉丁语单词的原义是"引导出"他们的潜力，使他们的潜力和才能得到体现。从这个意义上来说，养育子女、与同龄人交往及文化熏陶是不同的引导形式。如何做人的教育存在于任何社会环境中，而非仅来自课堂上正式教授的内容；它包括更丰富的内容。例如，与同龄人玩耍和互动的机会，接触书籍的机会，获得一系列技能和兴趣，体验成功和成就，以及学习如何处理挫折和失望，并坚持完成困难的任务，等等。而成才教育需要成年人主导，并且有必要考虑儿童的起点和任何特殊的教育需求。这种刺激通过鼓励个体接受认知挑战和增加社交机会来促进其学习进步和智力发展。刺激和兴趣有助于儿童的认知发展，成年人可以通过互动和对儿童问题的回应，使儿童的潜能得以发挥，而通过鼓励和参与游戏，让儿童有更多机会潜移默化地接受教育。这些行为的最终目的是让儿童在日常生活和学校教育中获得成功的体验，这给予他们反馈和肯定，表明他们在展现自己的能力方面达成了目标。

早期环境：照料者提供照料和养育的能力

成年人必须给予儿童情感上的温暖和爱，以满足儿童的依恋需求，让他们感到足够被爱和被重视，使他们对自己的恒定性及个人、种族和文化认同产生积极的感受。如果在儿童期对安全、稳定和充满感情的关系的需求得到满足，对被照料的需求也得到足够且及时的满足，那么个体会形成安全型依恋。这些需求可以通过以下方式得到满足：在身体游戏与接触中，在获得质量和数量上足够的安慰和拥抱的过程中。而且，好的照料者会表现出爱、赞美和鼓励，并传递积极的能动性和自尊。获得这些照料的儿童能够学会信任，并确信他们有足够的内在资源，可以自动应对大多数情况（与自我怀疑相反）。

在核心家庭中，父母通常承担大部分或全部养育任务。在其他形式的家庭中，儿童的生活中可能有许多重要的照料者，每位照料者都承担不同的角色，并且可能产生积极或消极的结果。诸如（外）祖父母、继父母、儿童照料者或保姆等各种角色的成年人都可能在照料中发挥重要作用。我们必须明确区分每位照料者对儿童的身心健康和发展所做的贡献。在儿童遭受重大伤害的情况下，区分施虐者或忽视者、辨别任何可能发挥保护作用的父母或其他家庭成员尤为重要。父母之间的关系会对儿童的发展产生巨大的影响，因为他们各自有能力对孩子的需求做出适当的回应。例如，如果父母经常在孩子面前表现出暴力和冲突，就会营造出一种焦虑的氛围，对孩子成年后如何处理人际关系产生影响。父母之间的关系质量也会对孩子的身心健康产生影响。家庭的稳定是依恋安全的一部分，因为它给儿童提供了发展环境，使儿童形成与主要照料者之间的安全型依恋，确保他们能最好地发展。确保安全型依恋不被破坏有利于此，但是随着时间的推移，照料者将提供一致的温暖情绪，确保兄弟姐妹之间的相同行为得到公平、一致的回应。父母的回应会随着儿童的发展而变化和发展。儿童需要与已经离开家庭的重要家庭成员（如父母离异后与新伴侣一起生活的父亲）保持联系。

设定限制和界限是家庭帮助儿童调节情绪和行为的另一种方式。父母的一项重要任务是示范和展示适当的行为。因为这些可以向儿童展示父母如何应对心理痛苦，如何与他人互动。父母可以提供的指导包括设定界限，使儿童建立（道德价值观和良心的）内在地图，并规定符合文化与社会要求的社会行为。

养育的最终目的是让儿童成为自主的成年人，拥有自己的价值观，并能根据情况在他人面前表现出适当的行为，而不是依赖自己之外的规则。随着儿童不断成熟，发展的要求会促使儿童在探索和学习的过程中避免过度保护自己，从而在解决社交问题、管理负面情绪、促进对他人的考虑及行为塑造的过程中学习有效的自律。确保安全意味着给予儿童充分的保护，使其免受风险和危险。这可以延伸到防止儿童因接触不安全的成年人和儿童而受到重大伤害，以及防止广义上自我伤害的欲望，包括吸烟、酗酒和暴饮暴食等。父母亲的心理健康状况所带来的风险和危险应被视为成长的另一个方面。这与父母在没有真实风险的情况下制造神经质焦虑的情况相反。

外部环境：大家庭提供的照料与支持、邻里服务、专业教育、托儿服务和儿童保育服务

家庭是由生物和社会心理因素组成的。家庭功能受家庭成员自身及家庭成员与家庭中儿童的关系影响。家庭组成的任何变化，如前伴侣的离开和新伴侣的到来等，都会对家庭功能产生重大影响。父母消极的童年经历或重大的负面生活事件，以及它们对家庭成员的意义会对家庭功能产生影响。与兄弟姐妹之间的关系，以及诸如欺凌、强奸或人身攻击等经历都会对家庭功能产生巨大的影响。如果父母有自身的困难，或者父母的情感缺失，或者父母之间的关系不和谐，那么都会对孩子的自尊和依恋产生负面影响。更广泛的家庭还包括那些被儿童和照料者允许进入家庭的人。这可能包括有血缘关系的亲属、非亲属关系的人，以及不在核心家庭但仍属于大家庭中的成员。如果他们为儿童提供育儿服务，或者仅仅因为在场就被当作儿童的榜样，那么他们在家庭中的角色和重要性都可能影响儿童和父母。还有一些其他因素与创造新的自我有关，但是考虑到依恋所描述关联的核心影响，这些因素就显得微不足道了。

以下因素也是儿童个人发展的背景：家庭住房、家庭成员的就业和收入、

家庭与当地文化的社会融合程度、获得托儿所设施和幼儿园等社区资源的机会，以及与社区内其他同龄儿童一起玩耍的机会。进一步的强化因素还有图书馆、保健中心和公园等便利设施，以及在幼儿园和早餐俱乐部等更有组织性的机构中与其他孩子接触的机会。所有这些因素都有助于创造依恋现象，同时也为儿童的个人发展提供了背景。鲜活的身体感官是我们亲密存在的一个部分，与他人的亲密程度越高，身体就靠得越近。在照料婴儿时，照料者需要亲近他们的身体，以便给他们换尿布、喂奶。成年伴侣之间的亲密体现在身体接触与性上。家庭成员在家中的体验由育儿和家庭时间组成，大家需要协商共度和分开的时间，从而实现家庭生活与赚钱的平衡。成年个体的心灵与其亲密的心理生活可以理解为同心圆，亲密感越来越少，家庭环境也渐行渐远，他们更倾向于和同事、朋友、家人及邻居共度时光。

结论

　　依恋心理学与爱、对爱的失望、亲密和自我表露这四方面的意识体验密切相关。依恋的渴望包括希望与他人亲近并建立联结，这种渴望贯穿人的一生。儿童依恋和成年人依恋的共性假设在于儿童依恋和成年人依恋的心理过程是相同的，因此在如何做人及如何管理自我和他人的情绪方面出现了一些高度相似的方面。尽管成年人之间的关系更加复杂，表现出更大的可变性和自我影响的可能性。然而，依恋过程不是社会现实中唯一的影响因素，个体所承担的社会角色等也是影响因素之一。由于相互影响和关系的类型及其所处的背景，一些人脱离了自己的依恋过程，在当前情况的影响下，暂时进入另一种依恋过程。普遍而言，在需要照料的背景下，儿童在一段重要的关系中缺乏照料和支持会引发他人的同情。养育应该是在情感上亲密无间，并传达爱、温暖、亲密、善良和理解。双方都应感受到建立了联结，并能相互回应。在关注自我和他人之间的相互回应的现象时，要求建立联结和阻止建立联结的微妙过程同时存在。

依恋是可变的，可以被自我有意识地推翻，即刻发生改变，并且影响会持续较长的时间。依恋现象始于童年时期，在该时期，儿童习得一种对以后生活有深远影响的生活方式。依恋始于一种与生俱来的、需要受到照料的生物学驱力，这种需求后来呈现为一种互动方式，一种与处于不同关系中的人打交道的方式。从依恋研究的早期开始，心理学者就考虑到了这种需求的维度。人们的理解是，依恋过程所涉及的主要连续体（continua）是与照料者分离时个体的焦虑程度，以及团聚时的回避倾向。依恋是一种关系人格的指示器，反映在相关情境下个体对特定他人的当下回应，这种回应的影响因素包括个体的独特体验，当下与他人的互动，以及让个体形成习惯和信念的遥远过去。关于自我和他人之间联结的质量是个体在成长经历中习得的，并存储于其内在工作模型中。与个体的这种习得相关的是一种来自过去的偏好，这种偏好虽无处不在，但依然可以根据当前体验进行更改和修正，这样获得的内在工作模型的集合就可以发生调整，变得更加复杂和准确。内在工作模型给个体造成的问题在于，它们很有影响力，并且被用在了许多情况下，即使目前这种情况下依据它们可能无法做出准确的判断，或者对于做出判断没有帮助。从个体六个月大的时候起，依恋就开始发挥交流情绪的作用，并且能够形成习惯、信念，对自我和他人形成概括化的认识，这些都会对个体产生终身影响。

第二章　标准解释及其过程

本章根据陌生情境实验与成年人依恋访谈的研究结果定义儿童依恋与成年人依恋，并从两个方面定义四种依恋过程。首先，我们定义的是心理过程中的个体差异。诸如相信、创建记忆及形成预期感受和关联等心理习惯如果被过度使用，就会让人形成一种印象，我们称之为人格的关系特性。其次，心理过程与个人偏爱使用某种特定形式的倾向不应与真实存在于两个人之间且时刻变化的照料动力混淆。无论是否肩负或肩负何种特定类型的照料责任，我们都需要记住，两个亲密的人有各自的喜好，他们之间所发生的是实质的依恋过程。为了区分儿童依恋与成年人依恋，我使用"模式"（pattern）一词表示对儿童的照料，使用"过程"（process）一词表示成年人之间分担照料责任。这些"模式"与"过程"由言语社会行为和非言语社会行为组成，传达关爱、照料缺失、缄默、忽视、应答迟缓的含义，并将这些表现之间的起伏和变化包括在内。本章介绍的是安全型依恋过程的实证研究结果—— 一种最佳型、两种次优不安全型依恋过程及一种无组织型依恋过程。尽管在依恋过程中个体行动与反应的强度及个体的可变性是连续的，但是在接触或远离他人的过程中，人们只表现出四种独立的现象，分别在回避和焦虑这两个维度上存在一定差异。下面是心理动力学对于自我及自我意识如何解释亲密世界并决定如何在其中生活等问题的解释，目的是以第一人称的视角来对具体现象进行独具特色的解读，这些现象是参与同一过程的各方之间可观察到的。

将重点放在依恋过程上的做法更可取，因为依恋过程是对互动现象、情绪及（通过自我反思管理情绪、管理与他人之间联系这类）动机方式的准确描述，同时它也从体验上对这种现象的意义进行了解释。理论的作用是将现象与实验方法相联系，形成可识别的形式，并为体验到的可观察事物提供解释。依恋是解释过去与现在之间因果联系的模式。内在工作模型在控制系统理论中发挥作用。根据这些理念，由于在个体的自我强化信念中，个体对自我和他人之间联系质量的一般性概括（由有意义的动机记忆、预期和情绪所导致的）是显而易见的，因此人们倾向于维持特定的依恋动力。

与其继续研究鲍尔比-安斯沃斯的个体差异模型，不如更多关注依恋双方在依恋过程中相互联系的必要方面。这些过程包含一系列明显的差异，而这些差异塑造了在两个人之间反复出现的四种编码（code）。一旦参与者之间建立起交往的编码，就需要同一组角色环环相扣才能使其发挥作用。依恋中定性、可识别的一面可以在互动中被凸显并被观察到。互动需要双方共同完成，且会让参与双方在心理上都留下一定的印迹。需要论证的是，在具有情绪重要性的亲密关系中，不论在家庭中、朋友间，还是在医疗保健和工作场所中，不论关系亲疏，都可以观察到依恋现象。只有每一方都采用相同且内隐的整体联系或相互联系的编码，才有可能出现某种依恋过程。尽管依恋存在个体差异，但是它不可能只因一个人的偏好而产生。依恋只可能体现在双方之间。如果仅仅将注意力集中在一方身上，就会忽略两者之间出现的整个过程。

下文将从依恋的定义入手。这种定义方式可能会被误认为是在描述陌生情境实验中儿童的性格特点。陌生情境实验是一种压力测试，因为测试发生在家庭以外的场所，在测试期间，母亲两次离开实验场所，并且有陌生人参与其中。这种标准化测试流程可以体现出不同的反应类型，其中与母亲团聚时孩子的反应特别能够说明问题。侧重个体差异的标准解释有助于阐述理论，但是在读完关于自我和他人之间重复的心理过程的表述之后，大家会意识到，这种体验可能会因互动对象的不同而发生改变，这时，关于自我、他人和世界的核心信念就变得清晰可见。

下面四个小节将对儿童的依恋模式进行定义。

童年时期的安全型依恋模式

玛丽·安斯沃斯通过家庭观察与陌生情境实验比较了依恋动力的各种模式。在安全型依恋模式中，表现出合群性、自主性和亲密性的儿童具有更积极的情感。当母亲在场时，安全型依恋模式的儿童会探索房间和玩玩具。在陌生情境实验中，儿童在探索房间时会观察母亲的反应，并在必要时回到母亲身边，这就是安全基地现象。第一次与母亲分离时，儿童会想念母亲，可能会闷闷不乐地玩耍。第一次与母亲团聚时，儿童会积极问候，并主动寻求身体接触。第二次与母亲分离时，儿童可能会哭泣，第二次与母亲团聚时，儿童可能需要母亲主动进行身体接触。陌生情境实验中最关键的安全现象是，当母亲再次回到房间时，儿童可能会表达自己的心理痛苦，如果儿童能够得到安慰并重建他们与母亲之间的联系，他们就能够再次开始玩耍或探索。研究表明，如果父母的照料可靠、敏锐而及时，儿童就能主动留在母亲身边，与其保持联系、主动问候，在与母亲保持一定距离时，也会表现得十分活跃，容易从分离的痛苦中恢复过来，团聚时也不会表现出愤怒。

安全型依恋模式的儿童 3 岁时很可能会有表达心理痛苦并寻求帮助的表现，6~11 岁时则表现出更强的社交能力，善于识别和指明各种情绪并主动寻找照料者，以便帮助自己调节心理痛苦。父母抚慰儿童时，其实也在抚慰自己。另外，安全型依恋模式的儿童拥有更高的自尊水平。如果具有习惯性的安全型依恋模式，儿童就能与其成年照料者产生共鸣，认为自己可以得到照料、关爱与支持，成年人为儿童提供及时的照料、适当的亲子沟通，展现出温暖的态度，并且与儿童保持同步，就可能充分激活儿童的生物潜能，从而使儿童在探索的同时也可以与照料者保持情绪上的安全与亲近。问题的关键是，该关系涉及的双方所感受到的情绪要在不断发展的背景下进行解释。安全型的联结能力可以比喻为"安全型依恋模式的个体拥有很多优质黏合剂"。这意味着，进行令人满意的接触时，个体会形成某种能够自我修正、自我延续的东西。这种类型的接触表明，儿童时期达到的理解水平（即自我和他人是合理、可靠、善良的）会引导他们成长，让他们可长久维持婚姻和家庭关系，且相对没有太多人际关系方面的困扰。这类成年人在许多情况下都体验到亲密情绪中及时的积极瞬间或回应。高质量、高响应的照料可以使儿童表现出安全型依恋。成年以后，这些儿童很可能获得令人满意的友谊和成功的安全型依恋。他们在他人身上投入或投注的是爱的能量与渴望亲近和联系的愿望。投注（cathexis）是在与他人关系上的投资，被比喻为"黏性好的优质黏合剂"。如果两个人之间存在安全型依恋联结，他们都会连接（connect）并共享一种强烈的联系（不安全型依恋则具有不同的特性）。对具有安全型依恋倾向的人而言，人与人之间的关系十分重要，可以为其提供充满爱意的照料与关注，促使其茁壮成长，为其注入生命力，使其在亲密而积极的社会交往中感受到愉悦和活力。安全型依恋模式是在满足双方依恋需求的情况下发生的，是一种双赢的局面。

安全基地的主要现象是一个具备了足够且能够充分提供和接受照料、爱意及言语和非言语交流的氛围（见图 2.1）。参与照料的成年人根据其年龄和角色提供适当水平的接触。在安全型依恋过程中，自婴儿期起，个体基于生物学的需要获得照料的驱力会引发他人的照料驱力（反之亦然）。因此，这种关系中的满足感是相互的，确实存在微妙的暗示，这些暗示线索（包括眼神、请求、开始友谊、默契，以及对其重要性的内隐理解）是可以被双方习得的。一旦儿童拥有了足够良好的安全型依恋模式，就有可能在以后的生活中对他人投入爱、友谊和信任（大多数时候如此）。他们认为自己的需求能够得到满足，他人会提供帮助，且通过协商，大家可以实现相互满足，而不必采取防御的姿态。必要时，他们可以自我表露自身的需求，因为他们感觉自己的需求很可能得到他人的帮助。安全型依恋模式建立的可能性条件包括两个方面：一方面，孩子不会因为父母而产生害怕、愤怒和恐惧情绪；另一方面，母亲允许孩子自我安慰和依靠自身力量解决问题。

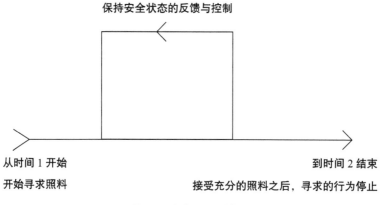

图 2.1 安全型依恋模式

焦虑型依恋模式由不可预测的照料所引发

焦虑型依恋模式是指照料者自己无法提供稳定的照料（缺乏回应或参与不足），儿童需要进行自我安抚，从而导致这样的结果。在陌生情境实验中，焦虑型依恋模式的儿童始终将注意力集中在母亲身上，很少或根本不关注房间或玩具。即使在第一次分离前，他们也可能表现得十分警惕、痛苦、生气或消极。第一次分离发生之后，他们可能会立即感到痛苦，并且在第一次团聚时依然处于愤怒与痛苦之中，对他人试图抚慰他们而做出的努力产生复杂的抵触情绪，不愿意继续探索或玩耍。焦虑型依恋模式的儿童在不可预测、对儿童的需求不敏感且缺乏回应的环境中长大。不确定性、失望，以及对照料者信任度不高等都会令儿童感到心理痛苦，儿童也体验到了缺乏照料、照料不足或所受照料质量不稳定带来的心理痛苦。焦虑型依恋模式的儿童容易在玩玩具时产生矛盾心理（ambivalence），在社交过程中也会表现出消极与孤僻。受挫后无法自主调节情绪的儿童或受到不稳定照料的儿童可能会为了重获联结而不当运用反抗。然而，焦虑型依恋模式的儿童在探索、玩玩具及与同伴接触时感到害怕和拘谨。母亲的缺席与无法提供照料促使儿童提高对她的关注，这使儿童减少了玩耍与探索的时间，增加了心理痛苦。

对那些提供的照料难以预测的照料者来说，面对儿童的一些反应，诸如在分离前哭闹、分离中感到痛苦、很少探索且对陌生人怀有戒心，以及在团聚时抗拒抚慰，他们会表现出矛盾情绪（见图2.2）。在陌生情境实验中，当母亲回到房间后，儿童会因母亲试图抚慰其心理痛苦的举动而伤心欲绝，并有可能坚决抗拒母亲的安慰。在这些难以满足、缺乏自信、呈现焦虑和情绪失控、不确定自己是否值得被照料的儿童身上，会出现的现象是，既难以接受他人的抚慰又无法自我安抚。他们会先发制人，通过发出更强大的沟通信号来引起父母的注意，避免需求出现时依然无法得到满足。心理痛苦引发的焦虑具有两面性：一方面，分离引发的心理痛苦或焦虑状态会引发抗议，促使儿童向照料者趋近，通过提出要求和释放强烈的信号获得照料；另一方面，儿童会从关系中后退，在团聚之后远离照料者，通过不断拒绝、隐晦批评与表达反抗来争取获得关照。首次因错误行为遭受批评之后，如果在一段时间内无法获得照料，儿童就会感到愤怒，抗议性愤怒（protest anger）就会随之出现。这种现象很有意思，因为它表明儿童将愤怒作为一种沟通方式，认为怨恨合乎情理，即便在获得照料之后依然难以宽恕或冷静，而是继续保持愤怒。打个比喻，在抗议目前处于领先的情况下，如果选择宽恕与放松，分数就会被追平，表现为痛苦与愤怒缓解，从而达到另一种平衡。较高的自我意识（即对自身需求和能力的自我意识）可被解释为需求与能力不足，因为在焦虑型依恋模式中，平衡自然体现为预期中的不足与不一致。其核心模式是，如果能否获得照料者的照料是难以预料的，就会自动出现针对照料者的抗议和要求等过度激活的行为（hyperactivation）。

这种次优模式有其自身的心理动力学动机：儿童认为自己在本该获得照料的时候遭到了冷落，所以其焦虑表现便是，他们试图表达愤怒。另外，还有一种焦虑型依恋模式为防御式的。在这种模式下，儿童会调动自己的精力，从与照料者的关系中后退一步，降低目前的亲密接触水平，也可能会是突然抗议并采取措施以维持与他人之间的联系。然而，他们对自我和他人持矛盾的情绪与情感，他们在自我的好坏和他人的好坏之间不断摇摆，表现出易变与焦虑。投注（即对与他人产生联系的一种投入）被喻为"突然失效的强力黏合剂"。

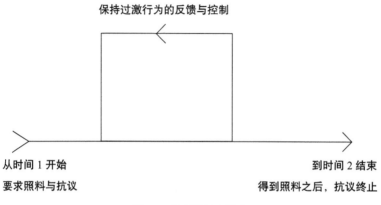

图 2.2   焦虑型依恋模式

儿童回避型依恋模式产生的原因是极少的照料导致其需求未获得满足

回避型依恋模式的形成过程中存在具有侵入性和控制性的照料与过度的刺激，它们会导致过度自信地表达需求的欲望发生逆转，这会造成儿童与照料者建立联结的欲望受到抑制，甚至明显缺失的情况。在回避型依恋模式中，由于儿童之前接受的照料极少且照料者对照料行为充满不情愿，因此他们普遍地压抑或隔离（compartmentalisation）情绪，目的在于保持心理距离，而非获得亲近感。陌生情境实验中的关键现象是，儿童不会在分离前趋近母亲，他们会把注意力集中在房间和远离母亲的玩具上。表面上，他们能够接受分离，因为他们没有在分离时哭泣，除非被单独留在房间里。他们可以从陌生人那里得到安慰，而且看起来会闷闷不乐地玩玩具。团聚时，儿童会忽视并避开母亲，会转过头或不看她。与其他儿童相比，他们显得面无表情，似乎没有任何情绪反应。这种现象属于联结缺失，相对而言，儿童很少或根本不寻求与母亲的联结，母子之间几乎没有相互影响，而通常人们认为，母亲与孩子之间应该存在这些联结。但这并不是保持距离造成的唯一后果，儿童认为，要想维持他们所获得的极少的照料，必须依靠这些联结。经验表明，回避型依恋模式的儿童在社交能力方面比其他儿童差，容易具有攻击性并且会伤害玩伴。回避型依恋模式的儿童在持续缺乏成年人关注的环境中长大，而作为照料者的成年人也具有侵入性并会提供过度刺激。儿童可能曾遭受威胁或惩罚，坚持认为自己必须自力更生。他们的合法求助可能曾被蔑视，他们也可能因为想要亲近照料者而遭到对方的惩罚或拒绝，所以逐渐认为自己寻求照料的尝试是徒劳的。因此与安全型依恋模式和焦虑型依恋模式相比，此处存在行为忽略的现象（behavioural omission）。儿童之所以形成回避型依恋模式，是因为成年人提供的养育和照料不足。儿童受生物学因素驱动而产生的真实需求被长期忽视，因此，他们自足式（self-contained）的反应是由父母的忽视造成的。表现出回避行为的儿童认识到忽视自己需求的必要性并试图压抑自己的心理痛苦，因此，在暂时统一的自我中存在压抑与分裂。

在回避型依恋模式中，儿童因无法得到足够的照料而减少对被照料与接触的表达，以此来获得能够得到的最低限度的照料与接触。回避型依恋模式的儿童的心理痛苦由一种被教出来的预期性缺失感和分离感所激发。具体而言，它会引发儿童内心的共鸣，认为他人会缺席，因此预期某段关系是冷漠、疏离或无法维持的，或者经常缺失或被中断。因此，回避型依恋模式的儿童只与他人保持表面接触，在与他人交往时，投入较少。回避型依恋模式的核心是，如果无法找到其他人，自我就会中止依恋的尝试（见图 2.3）。根据这种联结的建立与测试方式的本质，对他人的投注或情感投入是一种"黏性很小的黏合剂"。

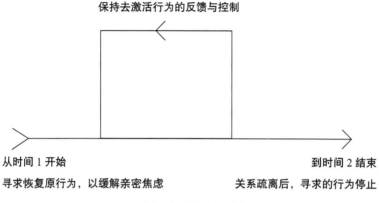

图 2.3   回避型依恋模式

对于回避型依恋模式的理解是，这种源自生物学的依恋驱力被抑制在对最低限度亲密接触的自动防御中。回避型依恋模式的儿童习惯于这种不适感，即使照料者给予其积极的照料，与之建立亲密关系，他们可能也意识不到。这种次优模式是一种压抑依恋需求的模式，因此只能建立表面上的非亲密关系或伪亲密关系。回避型依恋是一种功能失调的方式，在这种方式下，个体在严酷、孤独的环境中压抑（源自生物驱力的）对亲密和接触的需求，从而实现自我保护。总体而言，这意味着失望在意识中不断循环。心理痛苦与试图使其摆脱有意识的关注的努力共存，因为个体既存在心理痛苦，同时这种痛苦又不被自我认同，自我认为自己想要亲近的欲望是不适当的过度需求（neediness）或弱点。

无组织型依恋模式的儿童

体验过恐惧诱导及性虐待、身体虐待、情感虐待和忽视的儿童往往会形成无组织型依恋模式。拥有该依恋模式的儿童主要表现为在母亲身旁发呆、蜷缩在角落或躺在地上，不做任何回应，在陌生情境实验中同时表现出焦虑和回避的矛盾心理。这些行为包括哭闹、缠人、将目光从母亲身上移开，以及属于其他三种模式的更有组织的行为。这类儿童会在母亲回到房间后请求其帮助，并同时有可能出现发呆、始终显得十分痛苦等情况。关于无组织型依恋模式的研究表明，持该类依恋模式的儿童具有明确的特征，即对依恋客体感到困惑，对同龄人和成年人感到愤怒等。无组织型依恋的核心模式有两种：一种为同时趋近与回避，另一种为在趋近和回避之间快速摆荡。在无组织型依恋模式中，上述不安全型依恋模式可能会失败，因为每一种模式都可以简单地开始，但不会继续（见图 2.4）。无组织型依恋模式十分混乱，这类儿童会存在解离（dissociation），也存在试图控制和挑衅的可能性。

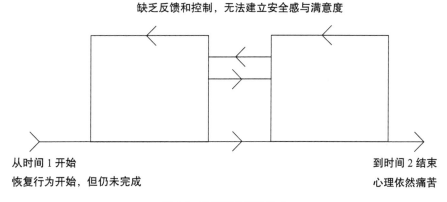

图 2.4　无组织型依恋模式

然而，这些状态之间运动的整体形式具有动摇和改变自我的特征：防御功能失调会让个体形成支离破碎且混乱、准统一的自我形式。个体在童年后期可能会出现角色转换，试图给予他人照料、实施惩罚并进行控制。这种混乱的前反思体验让一致的动机序列和意义难以实现。无组织型依恋模式的儿童会在不同时间、不同人面前表现出不同的自我。无组织型未实现依恋（disorganised non-achievement of attachment）的个体存在更多功能障碍。这是一种协调但高度矛盾的形式，无论在自我认知方面，还是在与他人共情同理方面（other-empathising）。个体的自我支离破碎，个体在与同一自我及他人相处时会采取不同的方式，其自身的感受和视角也是混乱的。严格而言，无组织型依恋模式的儿童表现出控制系统缺失，因为过度激活行为和去激活（deactivation）行为在起作用，而且个体依恋行为的尝试高度矛盾。

这种功能障碍具有目的性，因为所发生的是可识别的现象，以及焦虑型依恋与回避型依恋这两种次优模式之间复杂的相互作用。过度激活行为与去激活行为这两种次优形式之间存在循环，但是没有实现自我感或他人意识的客体恒常性（object–constancy）或客体永久性（object–permanence）。此前，指代客体的语言是一种标准化的方式，用来描述同一人可以拥有的多种感受。儿童缓解压力和应对在混乱中走投无路之感的办法是建立强大的防御，以阻止作为完整自我的连续感。支离破碎的矛盾行为之间可能存在多重联系。

下一节将定义成年人依恋过程，尤其会关注针对二人关系中双方之间的心理动力学过程的研究结果。

成年人依恋的发展心理学

为了解释"关于依恋的心理学实证研究"和"从中得出结论的过程"两者间的联系，我们有必要以一种更广阔的视角来看待研究，为实践提供合适的理由。本节将解释研究与结论之间的关系，引导读者理解可接受与不可接受的理由之间的区别。实证主义是心理治疗和心理健康保健领域采取干预的正当性基础。然而，依恋心理学使用了各种实验设计和统计工具。我们有必要对这些实验设计和统计工具各自的标准加以说明，否则简单的表述可能会给人造成错误的印象，即所有实验结论都无可指责。开放科研合作对心理学中的可复制性进行了元分析。与自然科学不同，心理学的研究对象并不完全受自然因素的支配。除自然因素外，心理因素产生的结果还会受社会和自我的影响。例如，如果没有选择和自由意志，就不可能实施心理治疗。

简而言之，实验研究的结果存在误差区域，在比较各项研究及其重复研究时，需要记住这一点。误差是由多种因素造成的。很可能每项研究的被试并不能代表一般人群，或者不同国家的被试之间并不存在可比性。然后是测量方面的问题，即误将完全不同的现象纳入同一调查范围并对其进行量化。例如，特定成年人间的依恋和人们对恋爱关系的普遍信念与期望其实是不一样的。研究可能使用了错误或不一致的测量方法，因此，表面上看起来针对同一人群的研究其实并不具有可比性。另外，这些现象本身可能受时间和环境的影响，很难通过实验设计中所用的测量予以量化。

心理学实证主义处理的是意义、动机和过去的影响，并在当前环境中引入可变因素，甚至是在精心设计的实验中。依恋的发展心理学研究在探讨发生于儿童所在家庭与成年人生活中的依恋现象时使用了解释原则。必须指出，一般发展过程、家庭的社会经济地位及不同社会中关于儿童养育的整体环境都会对儿童产生巨大的影响。涉及与成年人依恋有关的结论时，最重要的文献是与陌生情境实验、家庭观察及成年人依恋访谈相关的研究。合适的材料是对长期伴侣关系和婚姻的纵向研究。因此我们有必要确定什么才是优秀的研究，以及如何从中得出结论，以证明实践的合理性。这样，根据针对整体中某一部分的调查或两个因素（一为原因，一为结果，其他因素保持不变）之间的相互作用，我们可以证明假设是不正确的。如果根据理论预测所获得的某个结果由特定原因造成并且能在某次实验中观察到，这种情况出现的频率高于偶然发生率，那么假设就有可能成立（因为它还没有被证伪）。对依恋心理学而言，这意味着，想要人们认可依恋理论研究结果的质量，就需要对测量和心理测量学的特性进行方法论和认识论上的元评判。显然，质量不高的研究结果不能作为实践的理由。另外，如果无法对某个假设加以检验，那么该主题就不属于科学范畴，而应被归为没有科学意义的文化信仰。心理学家们早就应对依恋研究的质量做出详尽的保证了，先不必急于对在实践中运用依恋理论有何意义做出结论，而是应该花些时间说明进行高质量依恋现象研究需要具备的方法论的条件。

有鉴于此，让我们来看看针对长期婚姻及同居关系中的成年人的陌生情境实验和成年人依恋访谈研究的一些研究结果。为了不至于迷失在结论之中，让我们先对这些现象有个清晰的了解。首先，德·哈斯（De Haas）、贝克曼－克拉嫩堡（Bakermans-Kranenburg）和范·艾森多恩（Van IJzendoorn）等人的研究表明，遗传的性情与成年人依恋访谈的结果之间不存在关联。其次，受早期在家庭中创建和使用安全基地这一体验的质量影响，儿童所接受的教养类型会对以下内容产生特定影响：陌生情境实验的结果，家庭观察的研究内容，通过诸如成年人依恋访谈及其变体等形式得到确认的内容。成年人依恋访谈的一个修正版本是安全基地脚本分析（Secure Base Script Analysis，SBSA），以便衡量以下各项的贡献：共情性同调（empathic attunement）、给予照料与寻求照料的互换，以及互动中自信的整体质量。安全基地脚本分析就夫妻双方在育儿过程中在言语和非言语上的一致性和共情的准确性（empathic accuracy）做出了数值评分。成年人依恋访谈所衡量的主要是与其所接受的母性照料相关的成年人的回溯性特性。

克罗韦尔（Crowell）和欧文斯（Owens）设计的当前关系访谈可以用来测量成年人对当前关系的满意度。然而，当前关系访谈与成年人依恋访谈并不完全吻合。海登（Haydon）、柯林斯（Collins）、萨尔瓦多（Salvatore）、辛普森（Simpson）和罗伊斯曼（Roisman）发现两者之间的吻合度为 58% ~ 64%。另一组研究人员则发现这一数据为 47% ~ 56%。然而，测量内容受成年人生活中的许多因素影响，可能会受除依恋之外的其他因素的影响。

依恋现象本身是变化的。安斯沃斯及其同事在 1978 年所做研究的意义在于，通过提出一些理想的理论结论来启动实验研究，以便能够使用心理测量学。就日常研究和实践而言，正确理解理论就是要对观念最理想的使用方式予以监督，确保其能够获得同行的认可。从前瞻性来说，陌生情境实验在成年人依恋方面的预测是不准确的；就回顾性而言，成年人依恋访谈和当前关系访谈在回望童年时提出了一些需要仔细思考的有趣发现。

弗洛伊德认为，"母亲重要性的根源"在于她是孩子"第一个也是最强烈的爱的客体，是个体后来所有两性爱情关系的原型，对其一生具有独一无二、无与伦比且不可改变的重要影响"。鲍尔比支持原型的观点，即儿童所接受的养育的质量为其在成年生活中的伴侣选择和依恋奠定了基础。这种影响是一种软社会心理原因（而非自然原因），其中，童年时期的内在工作模型会对成年者的关系产生影响。但是特雷布（Treboux）、克罗韦尔和沃特斯结合个人依恋史（安全型或不安全型）及其对婚姻满意度的当前体验（安全型或不安全型），对婚姻和长期伴侣关系进行研究后提出了不同的心理轨迹。特雷布、克罗韦尔和沃特斯的研究有两种情况。一种情况是，接受过不安全型养育的人会在面对压力时与伴侣的关系中反复体验不安全型内在工作模型与缺乏安全基地的情况，从而导致心理痛苦和低自尊。处于压力状态下时，接受不安全型养育的人（可以说，人们可能会猜测他们"没有什么可以给予他人的"）感受到的心理痛苦程度低于接受安全型养育的人。另一种情况是，接受过安全型养育且拥有安全型关系的人在面对压力时，仍然对自己的关系保持积极的态度。他们会在其中体验一些冲突，但同时也能够有力地将这种关系作为安全基地，在此基础上讨论自己的感受并有可能如意料之中那样得到安慰。那些有过不安全型养育体验而能在压力状态下建立安全型关系的改善者确实能在较小的程度上建立安全基地。尽管他们在关系中体验到冲突，感到痛苦且自我感受糟糕，但他们能够应对，这从他们目前能够建立并使用安全基地这一点就能看出来。这表明，即使当下只建立并使用了一小部分安全基地，对改善者而言，尽管存在不安全型的养育方式，但当下所产生的心理痛苦是可以应对的。尽管接受的是不安全型养育，后天习得改善能力的安全型夫妻此时依然能够应付自如。对那些双方虽然接受了安全型养育，但在当下的依恋中很少正性体验的伴侣而言，情况正好相反，他们会感到十分痛苦。研究表明，对当前处于痛苦关系中的夫妻而言，安全型童年并不能起到缓冲的作用。他们对自己的目前感受勉强过得去，但在当前依恋中的强烈痛苦和冲突并没有因为童年时的良好依恋而有所缓和。人们认为，这类研究结果进一步证明了这样一种假设，即研究测量的是半永久性过程：它们不易改变，同时由于当前伴侣、他们的背景和生活史等信息的输入，在夫妻和家庭的生活环境下，它们又对变化具有开放性。

另一项相关的研究结果来自克罗韦尔、特雷布和沃特斯的研究。他们对一组夫妻分别在婚前与婚后开展了研究并根据成年人依恋访谈的结果从三个方面对他们进行了分类。其中，23% 的夫妻双方均为安全型依恋，40% 的夫妻双方有一方属于安全型依恋，而 37% 的夫妻双方均为不安全型依恋。调查结果显示，只有 23% 的夫妻共享安全型依恋过程，7% 的夫妻均为焦虑型依恋过程，12% 的夫妻均为回避型依恋过程，其余 58% 的夫妻则拥有不同的内在工作模型。

通过针对成年人的回顾性分析了解其童年的研究同样值得注意。海登、罗伊斯曼、欧文、布思－拉福斯（Booth–LaForce）和考克斯（Cox）发现：一方面，如果母亲一直不敏感，那么回避型依恋过程会得到支持；另一方面，如果父亲不在身边，那么焦虑型依恋过程和回避型依恋过程会得到支持。另外，依恋还具有性别相关性，即男性有回避型倾向，而女性则有焦虑型倾向。一项研究发现，成年后具有安全型依恋过程的人能够表达快乐，对共情敏感，理解羞耻感，并且很少体验心理痛苦。安全型依恋过程的成年人没有在童年时期体验过照料者爱的撤回（withdrawal of love）。然而，焦虑型依恋过程的成年人曾在儿童时期体验过照料者爱的撤回，他们对厌恶的面部表情十分敏感，能够体验到愤怒和抑郁，能够想象亲密和联结。回避型依恋过程的成年人很可能对感受到被厌恶（empathising disgust）十分敏感，否认自己的焦虑体验。无组织型依恋过程与焦虑和表达羞耻有关。他们体验过惩罚性养育，可敏锐地感受到他人的愤怒，并且会寻求自己未能获得的认可。最后，成年人回避与其对面孔和社交场合最快的感受性理解有关，而非与其所感受对象的最少回应有关。这表明，个体在产生回避的养育中成长会让其在成年时无法像儿童那样接触到安全基地，在成年人依恋访谈的过程中体验到的生理和心理痛苦加剧，然而对他人所做的受抑制的回应仍在继续，即使他们的共情感受能力完好无损。

最后，关于代际传递率的论文显示，测试结果会随着测试群体的不同而产生巨大的差异。关于陌生情境实验与成年人依恋访谈之间联系的论文揭示出以下变化。在理解根据统计推导出的信息时，通常的方法是更相信最大样本量与最严谨、最有说服力的实验设计。沃赫基（Wokhki）针对母亲的四分法与针对其孩子的四分法所做的回顾性元分析表明：每一种成年人的依恋过程都会影响儿童的依恋模式。根据沃赫基及其同事的研究结果，安全型依恋过程似乎可以传递给安全型婴儿，然而其他三种模式也会出现。这表明，可能还有其他影响因素在起作用。同样，焦虑型依恋过程也可以传递，但仍有一些婴儿会发展出安全型依恋模式，同时，其他三种模式也会出现。类似的情况也发生在成年人的回避型依恋过程和无组织型依恋过程中。

在研究和实践中，可以使心理过程清晰化的一种方法是思考它们如何使同一个人产生连贯、多样的观点，或者它们没有做到这一点的原因。这一解释思路采用了依恋理论早期所强调的一些重点并与现象学中被称为客体关系与客体构成的视角相关联。该观点的术语表达如下：对同一个人或人与人之间互动的理解被称为关注的客体。这并不是一个价值负荷的术语，而仅仅是一种描述注意力形式的技术方法。这些形式在其所产生的安全意义上是连贯且凝聚的；否则，由于对同一个人或同一件事存在无法统一的看法，这些不同看法之间存在潜在冲突，且始终无法统一。

本章其余部分将介绍当前关系访谈和成年人依恋访谈的最终评论，并通过以下方面对其进行解读，即识别共情性感受的心理过程、关系中对自我的认同，以及评论客体构成风格的视角等。这意味着，被抽象出来的是对不同类型的共情性感受的理解。描述实际上与感受不一致时，其准确性和表征性最低，而这在实践中是必然会发生的。为了形成更复杂、更准确的理解，研究需要对人们为什么会有这样的感受、他们的动机是什么及他们如何看待关系中的他人和自己等相关内容进行补充。

心理学和心理治疗理论注意到，两人之间的任何关系都是由彼此动态互动中的一系列感受组成的。对长期婚姻或同居关系的更多组成部分所做的真正详细的描述是，只有将相互关联、对他人的共情性感受等形式放在有意义的历史背景中才能正确理解它们。只有当互动中的两人所做的贡献能够同时被铭记，才能认为他们对彼此间的关系进行了充分的陈述，这样，动态互动才能得到描述。这意味着，相互性、互惠性及一个人对另一个人的态度相互交织都得以呈现，才能认为其中一方的陈述为充分的叙述。用心理学术语来解释两个人之间的因果关系，意味着要将关系的客体理解为会随着时间的推移不断呈现不同面。夫妻之间的所说、所感是整体的必要组成部分。没有人是孤立存在的。大家都希望有所成就。大家都自某处而来，又往他处而去。要尝试对处于长期关系中的夫妻开展定性研究，就必须有能力从理论上对这种相互关系的性质做出元解释。因为陌生情境实验、当前关系访谈、成年人依恋访谈和其他以关系为对象的研究都需要个体具有讨论和量化所用的具体表征的能力。陌生情境实验、当前关系访谈和成年人依恋访谈评分系统体现了对四种主要依恋类型进行数字评分的方法。在对所有系统中现象的强度和存在感进行量化的观点都可见依恋过程本身。然而，如果观察这些评分系统，可以从其评分准则中解读出以下四种明确的依恋过程。本章接下来的四节将定义成年人依恋过程。

成年人安全型依恋过程

当前关系访谈对成年人之间的安全基地做出了如下定义：着重评估安全型依恋过程个体差异的强度时，它与（表达对伴侣、关系状态和未来及关系中自我的特质等有关内容时）平衡清晰的思想和感受相关联。

由于评估的对象是表象与现实之间的一致性，因此我们必须明白，两个人之间的感受是值得我们关注的焦点。对安全型依恋过程而言，值得欣慰的是，共情的感受很可能是准确的。如果个体在童年或青少年时期体验过被拒绝、离婚、创伤及丧失依恋客体等情况，现在已经可以条理清晰地对其进行阐述，那么表明其痛苦已得到充分缓解。这表明，尽管在讲述中能够感受到心理的痛苦，但个体对丧失客体的叙述具有连贯性，也能够用言语将感受表达出来。这时，如果对伴侣进行批评，那么其言论也都有理有据而不偏颇，不仅将伴侣的优点一并包括，而且以具体的情境为基础。可以明确的一点是，双方对这种关系都给予积极的评价，也会表达许多对对方的赞赏。对其关系的未来充满信心，持乐观态度。

伴侣感受中的共情是多种感受的统一。在安全型依恋过程中，个体说话与感知的方式体现出注意力的灵活性及整合不同感受的能力。安全型依恋过程的成年人善于解释过去的体验如何塑造了现在的自己。无论所述的场景是积极的还是消极的，他们始终保持合作且连贯的言语风格。他们的描述是平衡且一致的。如果个体关注的对象是成年伴侣，就会形成一个统一的他人客体形象，对该客体的全面描述包括其积极和消极特质，对其过失和弱点则表现出宽恕和同情，同时也不会忽视其优点。他们的叙述方式协调一致、轻松自如，语速的快慢与消极或积极的内容相称。讨论同一对象或事件时，说话者的体验给人的感觉是，它是一个符合语法规则的统一整体，他人也会同意这些观点。另外，处于安全型依恋过程中的人能够说明自己的缺点，对他们而言，表达需求、依赖他人及陈述自己怀念他人的存在和支持都是可以接受的行为。如果自我存在缺点，他们能够表达并充分接受这些缺点。处于安全型依恋过程中的人能够接受自己的不完美。他们对自己的偏见、特异特质、明显的矛盾及记忆失败似乎都会进行监控和元评论，并且开放地关注不同人在视角上的差异。

焦虑型依恋过程

当前关系访谈关注的是个体（针对关系、伴侣和关系中的自我等）所具有的矛盾心理的具体特性。个体在描述所关注的客体时具有多种感受。这些积极和消极的感受通常是针对同一个人的，访谈解释了对说话人的不同意图而言，这些感受所具有的意义。他们可能会对最早的童年体验和在原生家庭中的成长体验进行不恰当的描述，且越近期的体验越是如此。他们依然难以在这些体验中取悦挑剔的父母，后者往往提出不易实现的高标准或高要求。

让我们做一个比较，在安全型依恋过程中，人们在共情他人、理解关系及处于关系中的自我时存在偏好，而在焦虑型依恋过程中，这种偏好会被扭曲。无论他人对关系做出怎样的贡献，焦虑型依恋过程中的自我依旧会体验到焦虑、愤怒、困惑，并且会试图控制伴侣。在焦虑型依恋过程中，自我可能会清晰地表达自己的需求，但是随后又会怀疑（或私下向伴侣表达怀疑）自己的需求能否得到满足。其理想化体现在对爱情品质的赞美与重视，但其表达的情绪情感中所包含的观点却是，目前的关系没有达到理想状态，甚至可能永远也不可能接近理想状态。这体现了其对成年人长期关系的一种幼稚、不成熟的观点。鉴于伴侣并非以独立个体而是作为焦虑型自我的延伸激发了共情性感受，因此会出现一种矛盾的相互依赖。一方面，人们对这种关系能否长期存在依然心存疑虑，而且拒绝承认其中所存在的问题；另一方面，就有关伴侣的观点及能力的证据而言，双方对伴侣和关系的共情性理解是不准确的。焦虑型依恋过程的个体往往不够自信，因此无法在关系中发挥适当的影响力，这些个体会尝试容纳自己的情绪、焦虑，尝试为伴侣设定目标。与之并存的是个体尝试努力取悦伴侣而无法满足自身的需求。因为个体对他人、自我和关系存在矛盾心理，所以会让关系产生波动，该关键过程会产生两个阶段：一个阶段是以焦虑且渴望的方式暂时向他人靠近，除非对方觉得太亲密，或者个体认为这种关系的联结可能太弱而无以为继；另一个阶段是批评和拒绝，这会导致双方均向后退，从而引发暂时性的疏远倾向，随后焦虑型依恋过程的个体可能会再次渴望亲近。

在成年人依恋访谈中，焦虑型依恋过程的个体往往表现为持续关注童年感受和对依恋客体带给自己的早期感受，即使没有被问到此类问题。个体内心对伴侣这一客体的构成特征其实是其对依恋客体产生的相互矛盾的感受，表现为感受的各部分无法恰当配合且相互对立。在表达多年前发生的事件所造成的焦虑和愤怒时，说话人表达的感受依然十分强烈。即使没有加以表达，这些隐藏的情绪依然维持一定的强度。对自我的描绘是一种自责。访谈者的感受是个体的这些叙述再次重复了精心"演练"过的"陈词滥调"。就言语风格而言，个体的表达方式冗长且过于详细，会出现不相关的内容与语法混乱的从句。其表达的内容过于详细，而情绪基调则为焦虑和愤怒。言语风格被动、模糊，断断续续地提及所讨论的内容，表明说话者沉浸在自己的立场中，很难看到他人的观点。个体对问题的回答可能会包括近期的不安感及其与父母和其他依恋客体所发生的冲突等。

回避型依恋过程

当前关系访谈指出，回避型依恋过程的焦点是对依恋情绪的压抑，因此，回避过程得分高的人既是糟糕的被照料者，也是糟糕的照料者。简而言之，一方或双方均为回避型依恋过程的伴侣关系不像安全型依恋过程的个体，甚至是焦虑型依恋过程的个体形成的伴侣关系那样具有合作性。身陷回避型依恋过程中的个体已经关闭了自己的依恋系统，而且也许他们很难再被唤醒。对他们来说，亲密关系只是一种表面上看起来有价值的成就。用专业术语来表述就是，依恋被去投注化（decathected）、去激活化（deactivated）和贬损（derogated），这表明具有回避型依恋过程的个体已经放弃了建立充满爱与温暖的亲密关系的可能性，并且正在设法度过缺少亲密关系的日子。他们的言语还表现出一种独特的矛盾心理。与焦虑型依恋过程个体的言语相比，回避型依恋过程个体的矛盾心理关注的是对同一个人或同一件事的冷漠感受。他们的另一种倾向是在较大范围内压抑、摒弃自己的依恋客体与依恋体验。

回避型依恋过程是一种声称自己无懈可击、拒绝承认任何问题的倾向。另外，回避型依恋过程的个体也会肤浅地强调自己的伴侣也是完美的。然而，这种对关系的理解是错误的，因为一旦承认问题的存在，这些问题就完全是伴侣的事情，他们声称他们的自我不会受到任何影响。当被追问时，他们无法提供任何证据说明为什么伴侣是完美的，并拒绝表达对伴侣的看法与感受，承认没有过多考虑伴侣。其长期关系的特性是务实。也许有人声称这段关系令人满意或良好，却无法提供证据支持。因此，他们共情性理解他人与理解关系的方式是不恰当的，如果没有任何证据来证实其所称的满意或良好，那么他们会出现一种特殊的矛盾心理。

在成年人依恋访谈中，压抑的具体表现是连贯性差，存在否认与删减叙述的特殊性，一再坚持记忆缺失，与公开宣称的内容明显矛盾。个体父母的共情性感受的客体构成特征包括对于他们的理想化感受和更多消极的感受，但是未对差异予以评论。所表达的过于积极和抽象的语义内容并未在有关拒绝、忽视和虐待等进一步明示及隐含的感受中有所反映。在针对成年人依恋访谈问题的简短回答中会出现蔑视依恋本身、轻蔑地拒绝讨论依恋客体及相关场景等情况。之所以会出现压抑，是因为他们对自我的描述是强大、独立、正常的，很少或根本没有提及心理痛苦、过度需求或依赖他人，这表明回避型依恋过程的个体能在表达心理痛苦的时候保护自己。有回避型依恋过程倾向的个体往往会出现记忆缺失的情况，但是随后他们可能会对过去进行描述。或者这种与依恋相关的言语内容在某一段对话中被赋予积极的价值，仅仅只是因为它在同一段讨论中遭到了反驳。简而言之，回避型依恋过程的个体在其个人历史与实际事件的真实含义中存在一个长期偏离依恋的关注点。

成年人无组织型依恋过程

成年人无组织型依恋过程是一种混合型依恋，连贯性低于前两种不安全型依恋过程。该依恋过程保持了自我状态或次人格与他人之间联结的弱混合，它们之间的整体凝聚力较弱。个体之所以存在防御，是因为被童年时期的忽视与创伤压得喘不过气来。

有许多强烈的体验尚未统一到健康且有适应力的对自我和他人的感受中。这些体验延续了自我各部分之间缺乏整合的状态，起到了管理前反思体验的作用。在成年人依恋访谈中，成年人无组织型依恋会在讨论依恋问题的过程中表现出来，例如，丧失、创伤和虐待等情况会打断正常、稳定的话语流，导致正常逻辑上的失误和中断、长时间的沉默，或者对已故父母亲的悼念。这种中断或沉默的行为可能与明显属于安全型、焦虑型或回避型依恋过程的言语同时发生。例如，在讨论已故的父母时，就好像他们依然在世或因为察觉到了什么而被杀害。因为这种依恋过程更复杂，下面只列举一些最显著的细节。

1. 该依恋过程的个体会出现严重的矛盾心理，甚至无法与他人建立联系，无法应对心理痛苦，同时存在持续的趋近和回避行为，以及在两者之间的快速摆荡。总体而言，无组织型依恋过程的特征是持续的心理痛苦、无效的趋近、无效的建立联系的更激烈的信号、无效的回避，以及对他人心理痛苦的非共情性回应。无组织型依恋过程包括焦虑型策略和回避型策略。当这两种策略同时起作用时，就会出现控制理论中的"零点和极点"状态。零点是指系统停止运行或仅以有限的方式运行。极点状态会发生混乱。

2. 结果是他人在场和不在场时，这类个体会出现快速循环往复、混乱及漫无目的的与他人联系的方式。

3. 与创伤和虐待有关的解离现象会导致自我分裂。尽管存在差异，但身体暴力与性暴力的净效应是相反的动机之间产生的不同程度的内在紧张，从而表现出解离、压抑，最终导致自我的完全分裂，这种分裂会产生未特定的解离障碍（Dissociative Disorder Not Otherwise Specified，DDNOS）和解离性身份障碍（Dissociative Identity Disorder，DID）。这些过程和终极状态涉及持续时间长短不一的各种形式的分裂或自我分裂，抑或记忆及各种体验的丧失。

在最强烈的形式中，每一重解离的身份与他人及心理客体的关系完全不同。其临床表现是，心理创伤已经发生，处于自我直接控制之外的非自我过程与自我相互配合，帮助自我处理预料外界会发生的事情。其预料往往是可能会发生灾难和冲突，所以在自我的感受与对共情性他人的感受之间存在极端的防御变化，这是管理难以忍受的心理痛苦的方式。这些情绪－关系状态或被过度调节，或调节不足，缺乏来自他人和自我的安慰。无组织型依恋过程的个体可以表现出若干自我，所有自我都与他人的强烈且始终不准确的共情性调谐感受相联系。无组织型依恋过程与一系列心理痛苦及试图管理这些痛苦的努力有关，包括创伤诱导性精神病、创伤诱导性双相情感障碍与解离性身份障碍。无组织型依恋过程可被解释为个体拥有支离破碎的自我，且自我试图以一种内聚的方式行事，却始终无法保持适当的统一性和一致性。

例如，三种自我意识（sense of self）可能共存于共情他人的特定方式之中。其中，第一种自我意识可能是由童年时期所遭受的虐待造成的，包括暴力、各种创伤、需求被忽视或反复被忽视和被拒绝。从很多方面来说，儿童接受的养育及其与成年人的互动都呈现出严重的功能失调。该过程在个体内心描绘世界样貌时不断得以复制，在与错误共情性调谐的他人的关系中，个体感受到他人不值得信任，且具有攻击性，同时也认为心理世界极其严酷，即使目前尚无证据可以支持这一结论。第二种自我意识可能更具有功能性，这可能与早期具有功能性的照料（养育）关系有关。对成年人自我而言，与之伴随的行为和情绪至少暂时是积极、准确的，可一旦产生焦虑，就会出现另一种自我意识，该过程便会随之完全改变。除了上述两种自我意识外，还有第三种自我意识，它可能也具有功能性，而且在某种程度上是适当的，因为它与其他儿童、兄弟姐妹或家庭、学校、邻里中的另一个人有关，这个人树立起一个榜样，教导个体应该如何体面行事。无组织型依恋过程的问题在于无法整合各种不相关联的自我，无法整合各种与他人打交道的方式。特定的意义和动机会导致这些存在方式、与他人联系的方式和管理心理痛苦的方式突然发生巨大的变化。这种不相关联的可变性可以起到防御作用，用以缓解和减轻那些被认为是不可承受的威胁或预料中的威胁。

下一节将总结关系双方均存在这些过程时的具体情况。

培养对依恋过程的关注

在对这四种依恋过程加以比较与对比后，我们需要强调，成年人间的依恋是指多变的过程，而不仅是某种类型所包含的单纯的定义分类。问题的关键是，依据鲍尔比－安斯沃斯依恋模型的标准解释，我们很容易就想对一个人的特性做出固定的判断，而这是一种没有证据支撑的异化（reification）。相反，从专业的角度来说，依恋最准确的表达方式是，理解同样的两个人（或同一个人）可以参与一系列的变化过程，甚至是短暂且瞬息即逝的过程，同时他们始终意识或潜意识地参与一个过程，因为他们发现自己一直被该过程所吸引。对读者来说，拒绝异化、关注过程之间持久和瞬间变化的方法就是记住下面的比较。诚然，因为具有内在工作模型，个体会有进入一种或多种形式依恋过程的倾向。然而，所有内在工作模型发挥作用的前提是，它作为一种交流代码在人们之间共享。强调自我和他人之间重复的联结形式时，个体必须以同样的方式协调双方的行动，只有这样，内在工作模型才能发挥作用。如果人与人之间可观察到的过程发生了变化，那么彼此对于对方的价值感也会改变。实证研究表明，这些重复过程具有明确的特征，如果互动双方对于重复过程有清晰明了的理解，并要求自我和他人之间进行协调，那么双方都会理解对方的观点并重视对方，虽然双方的过程与情绪投入表现出了不同类型，且各种形式的细节之间往往是矛盾的。这就强调了上述从标准的发展角度对依恋所做的解释，该解释涉及自我和他人意识之间的过程。由于本书的重点是成年人依恋，因此我们总结了对不同定义的比较。

在成年人间的安全型依恋过程中，将积极的情绪投入到另一个人身上是安全而容易的：存在相互吸引和积极联结的现象，因为只有两个人目标一致，冲突才会停止，这是目标矫正型伙伴关系需要同步的又一个例子。然而，现在所说的原则更为必要，因为任何依恋过程想要得以实施，都必须由双方共同完成。在安全型依恋过程中，无论双方在现实生活中存在怎样的缺点，其他方面都会获得压倒性的积极评价。因此，双方互动的过程是两个相互积极投入的人之间的过程，他们互相欣赏和尊重对方。由于他们都觉得自己和对方可爱且值得信赖，在表达任何话题或不同意见时就没有什么阻力。因此，所有伴随这些话题而生的情绪基本上都可以被接纳。另外，虽然双方不可能因此无条件地接纳所关注的话题，但总体而言，所有的话题和情绪都是可以被接受的。第一个实用的结果就是，相对而言，安全型依恋过程的个体比较容易解决纠纷或意见分歧。例如，在体验到愤怒和失望之后，个体很容易宽恕对方。个体在长期安全型依恋过程中养成的沟通习惯包括不断地重建关系的平衡，以及将情绪和情感作为整体进行再平衡。安全型依恋过程的一个直接结果就是个体的情绪很可能是健康的。轻微的争论和紧张的情绪很快就会得到处理，所以双方很容易感受到关系中的活力，也容易协商达成一致，并且给人可被证实的满足感。双方一致和真实的沟通使这种持续的再平衡成为可能，这表明了一种更深层次的隐含现象：双方能够讨论任何话题并接受伴随而来的情绪，也意味着双向的相互调节和相互影响，从而使双方对于关系都能保持高度的相互珍视。双方对自我和他人都能维持积极的感觉，都证明自己擅长以这种方式继续这段关系，都能通过口头讨论使对方冷静下来，从而在为对方提供帮助的同时也让自己冷静下来。双方相互影响的意义是内隐的，只有通过与下文提到的不安全型依恋过程进行比较才能凸显出来。在强调这一理解时，如果将焦点集中在重复的心理过程上，这种分析性关注就会比较这些过程的构成要素，使它们的整体变得更加明显。在关于儿童和成年人的所有关于依恋的研究结果中，最确定的特征是可识别的共同特点。

尽管普遍的事实是所有关系都存在矛盾（因为他人的感受不会永远是好的或坏的，即使对方在安全型依恋过程中明显得到了正面评价），但接受他人的观点并通过重视这些观点来帮助自己也不是什么难事。其结果是，亲密的联系和分离都让人感到安全。安全型依恋过程的个体的内在似乎存在与生俱来的陀螺仪，它让个体很容易围绕着自己设定的相互间正向的态度来实现重新平衡，这种期待在实际体验中得到了证实：亲密关系是放松且愉快的，能够减少伴侣之间的紧张感，这是高质量关系带来的深层快乐的一部分。对处于这一过程中的人来说，重视特定他人的好处是非常明显的。他们很可能会帮助你解决某个问题，你也会很乐意为他们做同样的事情。

　　与安全型依恋过程相比，焦虑型依恋过程有其固有的内隐方面，两者在过程上有许多不同之处。焦虑型依恋过程会促进分裂的发生，这是一种参与者之间的分裂（而不像安全型依恋过程中的统一）。个体有种推动力，会重复把对方拉近又推远的循环，这是他们对联结的渴望，而这种渴望之所以会被挫败，是因为焦虑的整体是由许多内隐的部分组成的。个体对联结的太强烈的需求及其对被抛弃和被责备的恐惧推动其向另一方提出耗费精力的需求。但从对方的角度来看，这个需求看起来可能并不那么需要被满足，因为这种表达过于大声。由于双方都进行这样的过程，因此就会出现报复、交替、相互渴望、渴求、需求、愤怒和拒绝。在这个过程中，双方会相互关注对方的动机，这让他们担忧未来、反思过去，却唯独没有原谅对方或接纳自我。与安全型依恋过程的个体不同的是，焦虑型依恋过程的个体对自我和他人的感受会有很大的变化性，所以可能引发讨论的话题和情绪发生快速且不可预测的变化。这种相互关系的价值体现了个体的矛盾心理，即个体对他人的看法在好的（积极的）与坏的（消极的）之间快速摇摆。随后会出现一个循环，即不值得且不可爱的自我紧抓获得正向评价的他人不放，如果对方走开或拒绝满足自己的要求，个体对对方的评价就会变为消极的。或者即使对方提供了帮助，如果对方仍因愤怒的抗议而给予个体评价，这种帮助也可能会遭到个体的抵制、批评，甚至会顽固地挫败对方。然而，所有这些加起来表示的是，在焦虑矛盾心理的变化中，压力感和对他人的低信任感同时存在，这会导致更多的后果。同时存在的有双方频繁变化的感受、（导致情绪问题的）情绪基调的更大变化，以及难以保持冷静理性和对他人开放的能力。

焦虑型依恋过程的特点是在强烈的渴求、被拒绝、渴望、应对拒绝他人所造成的后果、自我怀疑及伤害和背叛的累积之间快速转换。这意味着，该过程让人十分疲惫。其隐含的后果是难以解决悬而未决的问题，因此双方争吵不断，这会给个体造成很大的压力（显然，在平静的亲密关系中，纠纷更容易得到解决）。处于焦虑型依恋过程中的人可能彼此并不同步，因此，旨在取悦对方的积极姿态会招致批评、纠结、怨恨和沮丧——并且无法取悦对方。对展现积极姿态的人来说，感受对方无法取悦会令他们感到失望。因此，他们很难关心、信任对方并对其进行积极的投入。焦虑型依恋过程是导致个体情绪失调的原因，焦虑情绪，或者说焦虑和抑郁的情绪之所以会随之出现，是因为心理痛苦是相互的，如果不进行充分的再平衡，这种情况很容易继续。这种依恋过程的个体通过不断的干扰和失败的积极尝试来维持自我，而这些积极的尝试都受到了挫折。

回避型依恋过程的个体会有一种不同类型的低能量分裂，以维持双方之间的分裂状态。双方相互运行的轨道距离太远，不够亲近，因此不会出现焦虑型依恋过程中双方那种怒气冲冲的行为。双方共享关系的同时依然保持着一定的距离。两人之间缺乏亲密的沟通与积极的投入，其后果是双方需要勿忘初心。这种过程在保持相互距离的情况下进行协调，排除了对方因为这种伪亲密关系而形成的积极意义。相反，这种过程涉及回避、疏远、防御性退缩，以及冷漠的残酷。在整个回避型依恋过程中，双方没有真正的真诚交流，因为不重视对方，所以往往认为其观点是错误的或被误导的，所以自然会忽视这些观点。这样做的直接后果就是几乎无法解决争端，也无法得到原谅。由于相互共情的能力受损，纠纷迟迟无法得到解决，双方很少或根本没有相互影响。这促使人们对提出悬而未决的敏感问题产生抵触情绪。因为迄今为止的记录表明，在对方眼中，自我的观点是不可接受且错误的，反之亦然。随着时间的推移，相互共情的缺失会增加谈论当前未解决问题的阻力。个体对未来的期望是不达成决议，且认为拒绝承认对方的观点是有效的，因此协商没有意义，也因此，他们之间的紧张关系是没有办法缓解的。与上面提到的另外两种依恋过程相比，双方之间去激活化反应的整个回避过程意味着存在一些不可言说的主题及伴生的情绪。它们被排除在共同议程之外，但仍在两个人的意识中流动。这些必须压抑的情绪造成了心理痛苦，因为个体认为无论表达自己的心理痛苦还是表达真实观点都是没有意义的，因为预计两者都无法被视为有效的。过度使用的改进措施是保持疏离感并压抑心理痛苦，但随之而来的是相互轻视与孤独感的产生。一些可以讨论的、安全且中立的话题和与之相伴的情绪共同形成一个可接受的狭窄的讨论范围。对自我和他人的矛盾感受要么是无价值的，要么是面对相反证据时的防御性的积极观点，要么对自我和他人都是消极的评价。在该过程中，双方始终保持疏离。

最后，无组织型依恋过程就像是焦虑型依恋过程和回避型依恋过程的结合。就应对心理痛苦的方式而言，个体会运用防御性方式，包括单独活动，在身体上、情绪上和心理上回避自己和对方的心理痛苦等。这种依恋过程的个体具有很强的戏剧性，对自我和他人的积极与消极感受频繁发生且强烈而矛盾、难以统一，依然保持难以凝聚的碎片化状态。自我、他人和世界都没有意义。个体的内心没有清晰的关于世界的样貌可供商讨，个体对身处其中的依恋客体的感受也是矛盾而混乱的。

根据行为遗传学对依恋的生物－社会－心理观

最科学的实验设计之一是对被不同家庭收养和抚养的同卵双胞胎开展的研究。这种研究方法可以比较天性和养育各自的优势。既然天性和养育是依恋中共同发生的不同原因，那么从生物－社会－心理学的角度来理解，就是要了解个体差异的总体差异源于生物这个"硬件"原因，还是在于个体身处其中的家庭、同伴、邻里等社会心理影响这个"软件"原因。行为遗传学最近的观点总结是，依恋只有微弱的遗传性，社会－心理的代际传递的作用力更强。遗传学的具体影响表现为遗传性这一概念。遗传性是对个体依恋差异的数值度量，是天性和养育之间的平均比率。平均来说，生物原因可以通过比较被收养的同卵双胞胎的依恋过程加以评估。从被分开抚养的同卵双胞胎可以看出整体社会背景的差异。例如，以智力为例，回归分析表明，造成差异的主要因素是生物这个"硬件"原因；而社会－心理这个"软件"原因（即共同社会背景造成的影响总和）在差异中所占的比例较小。对依恋过程研究的数据显示，与整体生物－社会－心理原因相比，来自环境（父母、兄弟姐妹、邻里、学校教育）的有意义的社会－心理影响的总和表明，社会－心理原因的影响最强。可以肯定的是，对生活在同一个家庭的儿童来说，共同环境非常相似。这意味着，就分开抚养的同卵双胞胎而言，社会－心理因素的变量完全由生物学原因决定。如果我们用其除以"环境"（指表观遗传、营养、产前和主体间因素的总和）中所有生物－社会－心理原因引发的变差总量，就得到了遗传原因与环境原因总和的比率。这个比率衡量样本中就该因子而言遗传原因的平均遗传程度。

这种实验设计是真正科学的，因为同卵双胞胎的脱氧核糖核酸是恒定的，但其社会－心理成分却不同。这样就可以评估每种类型的原因相对于社会－心理意义上的全部差异的强度。对遗传力估值的陈述可以促进人们了解心理健康教育和心理治疗所能实现的目标。这些研究结果表明，在人们如何为自己和他人的身心健康负责这一方面，出现了一系列不可避免的后果。

对成年人来说，从关于三种类型原因的相对优势的实验结果得出的结论是：自我对自己负责，因为它被赋予了自身命运的特性；自我会利用信息来为自己和同伴谋福利。自我可以选择接受自己的基因遗传，不管社会－心理原因是什么，自我都能充分理解，以便在社会背景中进行持续的应对。重要的是，一般而言，要假设作为整个影响因素中的一部分，生物气质所起的作用也有所下降。这意味着，在整个生命周期中，随着社会领域积极矫正影响量的增加，表现为生物性气质的遗传易感性会随着年龄的增长而降低。

结论

我们汇集了实验的研究结果，明白了在亲密与缺乏亲密方面存在四种不相关联的模式与过程。这些研究结果说明，这四种类型的个体对社会背景的理解方式大相径庭。当代心理学需要思考这些研究结果，因为它们表明了人作为关系存在（relational being）的实例。心理学的责任是对研究结果进行精确的描述，这些研究表明，在有意识地与他人建立主体间、共情式联结方面存在反直觉的形式。总体而言，可能存在统一的意识结构。四种依恋过程占用该结构并构成一个变化的无限连续体，其构成方式需要进一步研究。压抑、自我分裂、解离、精神病性、情绪变化及关系的方式等现象（表明对于情绪和其他意义的回应存在连续性）均在思考范围之内。

不论在哪种类型的心理健康工作中，依恋都是心理生活、治疗、关爱及慈悲的核心。不安全型与无组织型依恋过程会让人因情绪与预期可能性而感到恐惧、压抑。只有安全型依恋过程能够让人通过探究他人的真实看法来应对自己和他人的心理痛苦，向他人敞开心扉，寻找相互矫正的体验来维持相对平衡。也就是说，安全型依恋过程的个体能够进行自我修正。同样，如果治疗中营造了安全型依恋过程，治疗双方也会相互识别不准确的信念、功能失调的习惯，以及看待未准确共情动机的错误方式。来访者需要为采取新行动获得新动机。治疗关系的一方被称作"来访者"，是自我表露（self-disclose）并接受帮助和照料（关爱）的人。另一方则是"治疗师"，负责引导，将来访者讲述的碎片信息拼凑成可理解的模式，并通过依恋理论对其进行阐释，解释其关键动机。

治疗师的目的是帮助来访者离开治疗室之后能够更有效地处理生活中的问题。应用这些观念的目的在于帮助来访者找到自我修正体验、重获平衡并避开其他可能会延续其心理痛苦的可能因素。

治疗师共情的准确性及其用以检查该共情的方式确保了两者都能够正常进行。治疗师十分清楚应该发生什么。读者暂时不应仓促得出结论，认为通过上述对于依恋过程的解释就能理解所有现象。相反，在这些论断得到实证之前，应对它们的真实性持保留态度。最好把它们视为需要获得实证支持与应用证明的工作假说，因为对于任何心理学观点的最终检验都在于它的结果预测能否一致。心理学提供的是如何将部分与整体联系在一起的地图。治疗师通过共情可以了解来访者的某种感受，会激励来访者以这样或那样的方式采取行动。必须指出，有时双方对于对方观点和意图的共情是不准确的。治疗师有必要明确治疗方法，帮助来访者利用他们自己提供的信息。确保来访者能够承受治疗可能引发的模糊、担忧和可能的失望也是治疗师必备技能的一部分。

第三章　心理动力学、动机与防御

　　第一章解释了与依恋理论相关的一些问题。第二章提出了对依恋的标准解释存在个体差异，随后指出了依恋的生活体验涉及人与人之间的联结。本章将介绍鲍尔比对人类依恋的心理动力学理解。如果我们希望像鲍尔比那样从心理动力学的角度理解依恋，就必须理解弗洛伊德开创的思维方式，否则很难有所收获。鲍尔比认为，内在工作模型是实际依恋客体的表征模型。我们需要详细剖析这一观点，以便了解他的所指。鲍尔比的一个主要结论是：自弗洛伊德起，精神分析学家已经提出了大量证据，假设一个人通常会同时运用两种（或两种以上）关于其依恋客体的工作模型，以及两种（或两种以上）关于其自身的工作模型，就能够很好地解释这些证据。

　　由于本章及与实践相关的第七章均与弗洛伊德有所关联，因此在解释下列话题之前，需要进行一些简要的介绍。首先从对原始定义的解释开始，这些定义为理解依恋是有意义的行为动机序列提供了支持。因为人们往往认为这场争论涉及的标准术语清晰明了，然而事实并非如此，所以最好对这些术语加以解释。鲍尔比探讨了与成年人依恋过程同时发生的现象，以此来解释他想要表达的含义。

心理动力学是方向与时间上的变化

　　心理动力是指意义与情绪的改变，这些意义和情绪是描述并解释心理能量在人类内心中相互作用的表现及后果。"动力"的根本含义仅指随时间而变的特性。心理动力学让我们意识到，人们被类似于我们所说的爱、愤怒和恐惧等体验所驱动。心理动力学上的驱力创造了自我与亲密他人之间的互动，促成依恋心理成就的各部分。心理动力学的研究就是要看到人与人之间及每个人内心都存在可被观察、讨论的规律性过程。因此，心理动力学是关于表征的，或者更确切地说，是关于心理过程之间的特定联系的。这些心理过程在不同状态之间移动，这些状态被表述为跨时间的促成因素。这些促成因素是有意义的体验，促使行为者在任何情境中均表现出依恋脚本或内在工作模型，并与研究文献所用的术语相联系。因此，需要对专业术语及其所指的生活体验之间的关系做出说明，以便对常被观察到的过程做出评述与分析。这被称为元表征立场，因为它需要对表征、依恋过程中隐含的感受、联想或任何防御性和应对性反应予以理解和评述。人们会这样做的根本原因在于，动态运动是由积累和释放紧张感的状态驱动的。"紧张"与"放松"这两个词所指的对象是情绪、呼吸及基于身体的有意义的关联模式，人们对此有好的或坏的评价。

我们可以从不同状态、不同时期的差异来看心理动机。这些意义上的差异不仅涉及当前困境的现状，还涉及对过去和未来的观点。考虑创伤及由此产生的持续的心理痛苦，创伤发生后数十年的时间里，个体迈出恢复这一步仍面临困难，这显示了违反现实且感知上不存在的东西长期发挥影响。心理痛苦关注的是对存在的事物的感受和解释。之前有过类似体验的人都会再体验类似的事情。

内在的声音敦促人们关注反复出现的心理痛苦及其管理过程。这些过程始于某个较早的时间点，但在较长时间内能够自我维持，因为它们未获抚慰、未受压制，除非受到干预，否则不会消退。心理动力学的关注点在于识别社会背景下展开的更为广阔的生活图景的各个组成部分。安全型依恋过程中的心理动力学是，人们在自己周围创造了一个可以自由给予和接受照料与关注（关注他人的需求，允许自己接受照料）的人际关系场（interpersonal field）。自我获得慈悲的关注就意味着安全型依恋过程的自我在日常运作中保持了最佳状态。善待自己、了解个人需求并满足这些需求可以让自我保持身心健康，以支持个体与他人建立安全联结。其结果是，个体不仅与他人建立了安全联结，而且还形成了自主感，这种自主感体现在探索能力上。随之而来的是从探索中回到安全基地的可能性。用控制系统的术语来说，安全型依恋过程的内在工作模型能够表达消极反馈，在对人体内稳态或中央空调恒温器的运行所做的描述中也会出现类似反馈。就良好的心理健康状况而言，安全型依恋过程表明，个体处于最佳状态的方式是能够处理好自身的心理痛苦，并保持其统一感和联结感。另外，差异与潜在的冲突可被接受和减少，同时满足感得以提升，表达的一致性得以增进，所以个体可以与他人保持和谐，实现自我安静平和的自信状态。

动力性潜意识（dynamic unconscious）是一个比较的过程，会有两个或两个以上的目标被同时纳入考虑范围，而这些目标指向不同的方向，使个体产生焦虑和疲劳，也可能导致抑郁。遭受过严重创伤的人会发现，他们在面对压力时会变成另一个自我，在他们的个性让他们如何应对压力方面需要得到大量解释。这种体验实际上对受创伤者而言毫无意义。

防御（defence）的概念源自弗洛伊德提出的"Abwehr"，意指抵御及为保持当前状态而触发的自我和自我意识的防御行为。防御会有目的地自发开启，有时会通过遗忘和管理冲突的过程来进行。因此，弗洛伊德承认，自我选择短期快乐而非心理痛苦时就能获得解脱。这相当于行为理论中所谓的负强化（negative reinforcement）。防御性排斥（defensive exclusion）的术语是对信息加工失败的一种表述方式，即存在于潜意识之中且有可能被体验的东西始终无法进入意识。

防御可以理解为个体试图阻止任何令人痛苦的意识对象进入意识或被提及，这是一种重复性过程，例如，防御性地专注于一个新话题，或者将一个恼人的话题从自己和他人的意识中删除。通常，自我及自我意识会保留虐待性父母亲好的一面，而忽略他们所做之事，因为充分认识自己所遭受的伤害及虐待造成的负面影响会带来痛苦，所以自我不会对此加以考虑。这往往就是为什么几十年来，人们都未曾思考过这些不好的记忆，而只有当事情发生变化时，它们才会重新浮现出来。这里所指的记忆中断程度不断加深是：可预防的令人痛苦的关注对象往往与自我和他人之间的联结有关，压抑性地要求回避那些让人觉得无法忍受的事情。这种情况日复一日、年复一年地重复发生。研究防御的方法有很多，包括向参与者施加认知性应激源，以了解他们在这种情况下所做的反应。

艾伦伯格（Ellenberg）解释，弗洛伊德认为，压抑（Verdrängung）的过程使创伤处于潜意识的状态，尽管它仍与意识的症状（conscious symptom）有关。弗洛伊德以几种不同的方式使用了"Verdrängung"这一术语。简而言之，"压抑"（repression）是比"防御"更包罗万象的术语。最早使用"压抑"一词的人是布洛伊尔（Breuer）与弗洛伊德，在阐述其宣泄法（cathartic method）的疗效时所使用的。简而言之，在弗洛伊德早期的著作中，压抑是指试图将某种东西保留在潜意识状态并成功地做到这一点，在这种情况下，整体体验的表征遭到禁止，或者说很少出现，同时，因为禁止这种表征的尝试并不能一以贯之，所以不时显露出它们想要隐藏的东西。通常，由于文化禁忌和个人污名感，从广义"表征"上来说，社会习俗要求禁止特定表征。在大多数情况下，被禁止的是创伤后的记忆和令人痛苦的体验，创伤可能是性虐待、儿童遭受的暴力或其他令人震惊的创伤事件。在这些事件中，那些让人感到十分有压力、令人羞愧或以许多其他方式引发焦虑和愤怒情绪的行为会同时被记忆和遗忘。弗洛伊德认为，压抑过程成功之后，整个客体就会分裂，因此，情绪就保存在个人的躯体和感官之中，而从原始整体中分裂出来的部分被迫进入普通的记忆仓库，其中大部分记忆永远不会再现，因为它们仅与单调乏味的日常生活相关，并不重要。然而，弗洛伊德与布洛伊尔的宣泄法及他们提出的"人们能够在回忆之后感到解脱的"证据十分重要。当人们回忆起一些创伤性事件并将其告知家庭之外的专业人士时，就会发现向另一个人讲述过去发生的令人恐惧的事件是真正的治愈。

因此，如果来访者是年轻女性，而她们所遭遇的体验又无法在文雅社会中真正加以讨论，那么对弗洛伊德来说，压抑的核心意义就在于无法获得先前对体验的感知和记忆能力，而原始感知难以获取的特性是可变的。弗洛伊德观察到，整体知觉的原始联想出现时，无法记忆的情况会伴有不同程度、不同方式的无法感受、无法形成身体记忆，或者无法理解自己的焦虑和抑郁心境。问题是，不仅这些体验令人困惑，而且这些体验会使人怀疑自己的身份和理智，因为个体发现自己难以理解自己的情绪，所以也难以与他人讨论。另外，弗洛伊德认为，那些被认为不恰当的感受和无法言说的事件一旦在保密的关系中得以表达，压抑就能够被消除。布洛伊尔与弗洛伊德发现，在个体回忆并表达了一些可怕的事情之后，其整体体验就更可以被理解，疗愈便可通过自我认识得以实现。个体重新组合之前的各部分体验并将故事讲述出来，这可以缓解其心理痛苦。自弗洛伊德起，压抑和防御这两个概念不断得以完善，因为事实往往是，过去的创伤总会出现在意识层面。虽然压抑只是防御的一种形式，但是自我与被动潜意识如何共同作用这一问题依然值得关注。自我和意识在幸福、成熟应对逆境及管理（在重要关系中存在不确定结果的）预期焦虑等方面形成了一种特定类型的关系。

哲学家、精神分析学家鲁道夫·贝奈特（Rudolf Bernet）做了大量工作，阐明了弗洛伊德提出的重复的心理过程之间的关系。贝奈特将压抑（压下或推开）解释为一种方法，个体通过这种方法将有意识的复合客体（或对客体感受一部分的情绪）加以分离，使自我在分裂中失去自我的一部分，而且情绪与原始整体客体的视觉及概念等部分被分裂。贝奈特解释，当弗洛伊德提及表征（内在对话、言语或记忆）被压抑到潜意识中时，他指的是这些先前有意识的方面变成了体验无意识的特性。从某种意义上来说，自我及自我意识防御性地遗忘、不想要或否认它们，从而形成潜意识的效果。自我和意识之间其实是一种合作关系。被动无意识的初级过程以一种包括感官回应在内的参与式意义构建方式对眼前的情况做出快速反应。最明显的被动过程是情绪，它们伴随意识到任何关注的客体、人、记忆、关系或未来和想象中的情境而自动出现。

依恋心理动力学

上述内容为理解依恋做好了准备。要理解鲍尔比的理论，就有必要重温弗洛伊德最初的想法，因为从广义上来说，就记忆而言，会发生两类事件，即记住和遗忘。虽然我们很容易认为，凡是发生过的事情都很容易记住，但从更广泛的角度来看，随意记住某件事的能力是一种特例而非常态。因为更多时候，事情会被遗忘。在思考儿童时期得到爱护和重视的成年人，以及在童年和青少年时期受到伤害的成年人之间的差异时也是如此。后者表现出日益增加的破碎感和断裂感、无法维系对立紧张关系、无法协调对立的焦虑和欲望，以及无法维系统一的自我感。情绪问题表明，统一的整体被进一步撕裂，由于目标相互冲突，自我会感受越来越分裂。

鲍尔比说得很对，创伤和依恋是同时存在的。在他看来，创伤会使成年人形成一套清晰的重复模式，导致该个体的各个方面会进一步解离。鲍尔比认为，对每个人来说，心理痛苦与减轻痛苦的方式之间较轻的解离以不同方式普遍存在。最轻的内心冲突是感受到自我各部分之间的张力，因为自我能够识别出自己所拥有的两个对立愿望。例如，保持健康与吸烟这两个愿望就是对立的，能够感受到两个部分的指向不同，在极端情况下，两者之间张力的强度要大得多。最基本的观察是要明白，有意识和有自我意识分别是怎样的状态，从而对自己的各部分持有对立的自我反思态度。鲍尔比的论述指出，与依恋相关的体验需要从不解（non-understanding）到理解的转变，并表明新的、更好的理解会产生更广泛、更强烈的依恋满足感。

鲍尔比关于防御和防御性排斥的观点涉及对亲密关系中出现的证据的特定

解释方式。防御和防御性排斥是自动且非自愿的，与之同时发生的是自我所做的尝试，即有意将心理痛苦限制为一种自我保护。心理学家欧内斯特·希尔加德（Ernest Hilgard）对催眠进行了理论化。鲍尔比在提及他的研究时，更倾向于下面的结论：自我及自我意识的分裂，以及自我各部分间被感受到的张力都被概念化了。希尔加德对催眠的解释涉及自我的三个部分，隐含的可解释的隐藏观察者会发挥协调作用，使自我在不同的部分间进行切换。通过援引这个形象，鲍尔比指出，于个体内在，自我具有在对立观点之间跨时间移动的能力。鲍尔比所使用的控制系统洞察力是解释自我如何维持偏见的一种方式，因为自我及自我意识会引发他人的特定反应或使他人坚持己见。鲍尔比认为，潜意识组织了自我被压抑的方面，因为希尔加德对催眠的解释表明，意识中有一个自动协调的方面在起作用。鲍尔比所提出的心理动力学观点采用了弗洛伊德的分裂观点。压抑的动态变化存在各种可能性，鲍尔比所称的"隔离系统"（segregated systems）也表现出不同的严重程度。"隔离系统"是一种分隔，一种精神上的回避，是连续体的一部分。

以无涉价值的方式讨论不安全型依恋过程、防御与自我分裂十分重要。对防御性排斥和自我分裂（Ichspaltung）观察的解释价值如下。躯体虐待和性虐待幸存者的自我分裂形式为下列现象提供了解释，即体验过解离与人格解体（depersonalisation）并被诊断为人格障碍（personality disorder）、未特定的解离障碍及解离性身份障碍的人为何会在强烈的心理痛苦下感到自己变成了另一个人。这是其对压力的防御性反应。如果一种意识内部的张力大到难以承受，就会出现两个自我与他人的世界：单一自我和单一意识内的差异感被两个或更多新的统一体所取代，这时就会出现自我分裂。然而，同样的分裂过程也是所有其他情况的一部分：压抑、遗忘、幻听及人格分裂成多重自我意识。自我或他人的一种意识被忽略时就会出现防御性排斥。然而，自我分裂会维持惯性与偏见的现状。如果遭受的暴力程度较低，防御性排斥就会保持统一而自我反思的人格感（personhood）。暴力程度高得多的情况会促进自我分裂，因而发生分裂，如未特定的解离障碍和解离性身份障碍，以及出现极端防御、神游（fugue）与解离的情况。未特定的解离障碍和解离性身份障碍中的解离现象最严重。在体验了被折磨、多次被强奸及长期遭受暴力之后（尤其是在儿童时期），解离性分裂的表现最明显。然而，在严重的强奸、凌辱、虐待、贫困和无效养育等制造不良心理健康的有毒土壤中成长的案例身上，完全分裂的情况最普遍。

鲍尔比特别指出，防御涉及一种非现象性（nonphenomenon），一种在模式匹配和身份构成中的缺失或空白，因为它可以让个体阻止意识、忽略对他人和自我的理解，以至于个人体验的部分信息丢失或不存在。鲍尔比主张，防御会造成记忆丢失、无法体验记忆，从而使记忆无法获取。若儿童处于压力之下或遭受暴力并体验了一系列创伤后应激障碍，这种情况就会出现。创伤后应激障碍的症状之一是重现此前体验的闪回与噩梦。例如，如果个体连续半年或一年内始终感到不堪重负，焦虑和防御性回避的倾向就会让其形成一种狭窄且过度防御的生活方式，出现一系列倾向性。防御与解离同时发生，创伤会产生一系列重新体验的组合压力，即使是在创伤首次发生很久之后。

防御和压抑是发展的一部分

鲍尔比提请读者注意，因认知负荷被加载在意识的另一部分导致意识某一部分的防御显著减慢，观察到这一点，人们就能将防御理解为依恋的一部分。例如，言语的潜在意义会与（对被压抑创伤记忆的）高警觉性反应有关，而下意识提及的心理痛苦可以减缓或中断其他能力。鲍尔比认为，这可以表明，在提及心理痛苦时，个人有意义体验的网络会受到干扰。

在情绪的本质及其与选择生活方式的关系方面，存在一些实证的观点。在针对依恋导向型记忆无法回忆的程度的研究中，实验者发现，个体的回避程度越高，在依恋体验的平行实验中其回忆的细节就越少。实验者由此得出结论，这种现象是由最初记忆编码失败造成的。在解读这些实验时，我们应将防御性排斥理解为自我和他人之间的感受丧失，并将两者之间关系的质量视为依恋心理病理学的核心特征。为了正确理解实验的论断，我们需要引用对于防御的主流理解。《心理动力学诊断手册》（*Psychodynamic Diagnostic Manual*）提出了四个心智化（mentalization）水平及其最初的含义，即留意在回避开放性和防御准确心理表征等方面的能力变化，以及在表征或心智化他人和自我的感受与意图上的失败。这四个层次如下。

- 开放性是体验各种思想、情感和关系范畴的优化能力，以及在处理压力时的优化能力，即尽量少用防御的方式压抑或改变感情与想法。

- 防御性包括回避特定的关注对象，以及伴随其出现的情绪、记忆、思想、观念和对于诸如理智化（intellectualisation）、合理化（rationalisation）及压抑等概念的理解。反向形成（reaction formation）是否认自身消极的一面，通过控制不被社会接受的冲动和人格特征的表达来挽救自己的自尊，并试图以完全不同的方式出现。心理动力学解释了最糟糕的回避和置换（displacement）的情况，如某一情境中启动（priming）的挫折感被带入另一情境并得到释放。

- 个体受限且狭隘的生活方式及其与他人之间僵化的联结形式也许表明存在过度防御和以习惯为导向的生活形式。如果存在严格的限制，那么个体可能形成更高层次的防御和压抑，其中包括自我否定、否认（拒绝接受事实，拒绝接受一个原因造成的实际后果），以及将自己的选择归咎于他人和环境。自动过程包括投射、分裂和付诸行动（acting out）。隔离（isolation）是通过人为区隔化（compartmentalising）制造障碍，只允许讨论某个错误的一个实例（而不是全部错误的全部实例）。隔离的心理动力学涉及高傲的自尊心，例如，对一个成瘾者而言，完全承认上瘾会对自尊造成太大的威胁，所以会声称这次接受戒毒治疗是最后一次（事实上，次年再次入院）。

- 在妄想信念和创伤诱发的精神错乱中，我们可以看到强烈的防御性。在创伤诱发的精神错乱中，个体的记忆不断恢复且非常强大，以至于需要一些方法来处理伴随这种恢复而来的情绪和意义。需要采用一些扎根（grounding）和安全岛（safe-place）等技术。

上面的陈述表明，由于较难在缺少亲人、专业人士及整个社会帮助的情况下从创伤中恢复，因此个体有可能不断提高其防御和压抑水平，以及提升自我理解和自我抚慰的能力。在回避依恋过程和无组织型依恋过程中，个体存在消退（disappearance），或者使自己与他人建立联结的先天生物需求消退的尝试。然而，值得关注的是正在起作用的自我关系的类型。具体而言，受过创伤的人往往会对自己的能力提出苛刻的要求，对自己施加不会加诸他人身上的压力。他们往往会认为，社会对他们及其行为的期望超越对他人的期望。这会造成其疏离感、羞耻感和自我导向型愤怒。根据定义，矛盾的价值客体既有积极的一面，也有消极的一面，因此对自我来说，自我认同成为禁忌的一部分，同时伴有污名与良好的自尊。压抑感的回归、内疚、羞耻、焦虑和自责的可能性永远不可避免。当自我不认同自己的一部分时，这种体验就会伴随内心的紧张感出现。

然而，从发展的角度看待儿童期和青春期时，各种观点一致认为，创伤和防御之间的联系是理解依恋过程的主要因素。下面的两张图比较了安全型依恋过程（见图3.1）与次优型创伤性依恋过程（见图3.2）。两张图描绘了应对心理痛苦的差异：图3.1描绘的是应对痛苦并从中恢复；图3.2描绘的是由痛苦导致的问题，这些问题被个体运用压抑、解离、防御这样的方式应对（同时也构成问题持续存在的部分原因而被掩盖）。箭头表示一种感受形式引发另一种感受形式。

图 3.1　保持良好的心理健康

防御性排斥心理痛苦，或者试图破坏对心理痛苦的意识，阻碍矫正性体验

↓

心理问题持续存在，生活方式变窄，导致角色功能受损、自尊受损和出现情绪问题

图 3.2　由防御性排斥调整的心理问题维持失衡的状态

　　对主动寻求专业帮助的人来说，其系统的自我修正和重新平衡没有实现。根据影响的类型和严重程度，心理痛苦会自我延续。然而，每次个体预计将会出现的心理痛苦不会出现都会降低其对心理痛苦发生频率的预估。矫正性体验的缺失会导致心理问题被接受为自我认同的一部分，这种情况可能会持续数十年，直至问题被妥善解决。如果个体始终对心理痛苦过度敏感并对痛苦发生的频率估计过高，就会导致其回避行为。在没有出现心理痛苦的情况下，个体应该恢复放松的情绪，对处理实际威胁的能力的信心也应该增加。具体来说，如果预料的心理痛苦未出现，个体就应该更加准确地应对实际的不确定性，更好地评估威胁的程度，更好和更自信地理解如何以有效的方式做出应对。

　　一旦人们的生活接近崩溃并出现强烈的危机感，对那些厌恶风险的人来说，具有威胁的可能性会使他们选择狭窄且过度防御的生活方式。而拥有积极个人资源的人即使在承受心理痛苦且不堪重负的情况下，也能自主地创造影响力。更普遍的问题是，个体承受心理痛苦时，其正向移情和理性可能会失效，其惯常的思考、感受和行为的回应被暂时打乱。个体一旦情绪失控，就会发生许多事情，包括冲动、愤怒及防御增强，对于原因和情绪的理解能力下降，为痛苦的感受寻找借口且自我抚慰的能力开始降低。在自我分裂的情况下，会出现两套明确的对自我意识和他人意识的体验，而这些要么不存在，要么不准确。

下一节将详细讨论弗洛伊德看待两个不同时间点之间心理动力学动机的方式。

跨期选择

在弗洛伊德的著作中，对短期和长期风险及回报的处理均属于他对二元性（dualities）的解释，例如，快乐原则与现实原则、压抑与被压抑的内容以重复的方式出现，以及试图解释动机强烈的非理性行为的其他方面。同样，依恋理论的核心是个体有能力理解和接纳心理痛苦，且有能力对其做出反应的现象。弗洛伊德认为，得到足够治疗关注的人能够自我抚慰并抚慰他人。

在心理动力学方面，弗洛伊德的见解是，即时满足愿望和欲望是一种错误，长期解决方案总是更加可取。弗洛伊德最初从观察中得出的观点是短期满足与长期满足之间存在明显的对立关系。欲望和满足之间的平衡，以及获得成就和承受失败带来的挫折感的能力，在性幻想及从伴侣那里获得真实的性满足的情况下均会出现。弗洛伊德引用的另一个例子是，宗教要求其信徒追求延迟满足，即放弃短期的快感，以期来世。弗洛伊德认为，在解释不同层次的教育承诺时也会出现类似的情况。同样的观察也被推广到对于风险与收益之间短期内的紧张关系的理解方面，而长期的风险和收益的关系则并非如此。这些案例都具有当代所谓的"跨期选择"（inter-temporal choice）的观点。

人们已经对"跨期选择"这一焦点背后的原始直觉开展了实证研究，心理学家们对延迟满足进行了探索。实验者向 4 岁的儿童展示一块棉花糖。如果他们能够等待 15 分钟，就能再得一块棉花糖。实验者离开房间，儿童则需要决定究竟是立即吃掉一块棉花糖，还是转移自己对即时满足的关注，得到两块棉花糖作为奖励。实验期一直没有中断，当他们高中毕业后，实验者进行了一次跟踪调查，以了解他们在这期间的学习表现。研究发现，12~14 年后，他们的学习成绩存在显著的差异。而且，能够实现自我控制的儿童表现出更高的社交能力、更自信、更有信心与毅力，以及具有更强的应对挫折的能力。然而，1/3 的儿童几乎是在实验者离开后立即吃掉了一块棉花糖。他们在青少年时期则呈现出另一幅完全不同的景象。选择即时满足的青少年更回避社交接触，也更固执和优柔寡断。这些青少年拥有低自尊，更容易因挫折而心烦意乱，也更容易心生羡慕和嫉妒，更多表现出愤怒，在压力下更容易拖延而非主动行动。与无法承受短期挫折的青少年相比，能延迟满足的青少年学习成绩更好。

　　总体原则是，有过痛苦且创伤性体验的人可以通过选择短期解决方案而非长期解决方案来应对与情绪和意义相关的失衡。回避心理痛苦会出现短期的风险和收益。然而，回避又会导致更大的长期风险和收益不断出现。例如，如果个体有在街上出现惊恐发作的风险，那么远离街道加以回避的收益是惊恐发作的发生率降低。然而，这种相互关联的信念造成的后果是，广场恐惧症（agoraphobia）可能会成为一种新的风险。个体反复回避会导致其更难以走出家门，随后个体自己也会发现进一步的风险。如果有人认为个体想要得到完全糟糕和有害的结果，那么这种想法是不理性的。举例来说，自我伤害的人可能会告诉自己，只有进行自我伤害，才能在一天结束时入睡。疼痛和流血是为所获利益付出的合理代价。对他们来说，失眠比自我伤害更令人痛苦。因此，在他们看来，躯体疼痛的意义不仅在于它能分散他们对心理痛苦的注意力，还在于这是睡眠所必需的。

　　限制心理痛苦发生的可能性的短期动机成为一系列防御过程的驱动力，这些过程在短期内可以迅速防止、减少或尽量减少心理痛苦，但也可能产生意想不到的破坏性后果。从长远的角度来看，短期防御性解决方案的意外后果还会带来另一组风险。对自我产生防御性激励的是快速恢复，方法是战胜幻想、情绪、意义、想象、预期、悲观看法等心理痛苦。事实上，这只是权宜之计。

　　弗洛伊德认为，心理问题的原始获益是通过制造一个较小的问题来减轻焦虑和冲突，以避免遭遇一个更糟糕的问题。继发获益是进入病态角色本身所引起的解脱，在这种解脱中，患者通过更加虚弱的威胁，获得了虚弱的力量。弗洛伊德认为，这种力量可以用来要求外界满足自己的需求。这是一种可疑的动机观，因为这意味着，如果获得了这种成功，疾病行为就会得到奖励。下一节中，我将提供更多关于解离中发生的内容和构成严重人格障碍的问题的细节。

自我与其被动意识之间的动态关系

　　解离现象涵盖了广泛的体验。其中有些是选择性注意（selective attention）的体验，例如，当个体专注于驾驶时，大脑就会游离，开始观察其他事情。这并不是一种危害，当司机将部分注意力集中到其他地方时，可能会出现无懈可击的驾驶过程和注意力长时间集中在路况上的情形。同样，在个人创伤史中，构成解离的其他类型的体验也是暂时性的失忆，表明个体通常对于感受体验在一定程度上失去了流动统一性和时间连续性。这包括叫错他人的名字，或者见到陌生人时坚持说他们之前见过面。最常见的解离体验之一就是突然发现自己到了另一个地方并因此感到震惊：因为自己不记得是如何到达那里的，所以感到惊愕。清醒之后发现自己换了一身衣服或无法认出知名人物，这都是过去几小时内意识发生变化的相关迹象。其他经常出现的解离体验涉及人格解体和现实感丧失（derealization），以及执行任务和角色时能力的变化。意识变化的另一个典型表现是不认识镜子里的自己，把自己的身体和自我解释为不真实的。

　　鲍尔比所说的"防御性排斥"是自我和他人的一种或多种感受没有在其实际发生时被记住。心理学家称之为偏差或负幻觉（negative hallucination），即在知觉和移情上存在的东西没有在记忆中留下任何可触及的痕迹。鲍尔比对防御性排斥、自我意识和他人意识的解释是，尽管当前存在着潜在的心理痛苦事件，或者依恋关系产生了具有威胁性的事件，但通过去激活行为或忽略，人们不会感受到心理痛苦，因为联结有时可能会丧失，或者可能会产生错误的联结。

解离的一种形式是，观察的自我部分自发出现，想象出身体之外的体验。想象的视角从外在视角居高临下地俯视自己，当自我被情绪压垮时很有可能出现这种情况。最严重的解离现象是人们意识到自己的身体里存在两种或两种以上的人格。这种现象以前被称为"多重人格"（multiple personality），现在被称为"解离性身份障碍"，史料对此有着充分的记载，而且早在皮埃尔·让内（Pierre Janet）时代就已为人所知。让内称其为"adesagregations psychologiques"，是在创伤和催眠中发生的意识自主分裂。

神经病学与意识及其与意义的关系

为了支持防御性排斥及缺乏相关意识和行动的观点，本节提到了从悉尼·布拉德福德（Sydney Bradford）案例中获得的神经科学的信息。个体具有物理视力，不一定在视觉上具有物体恒常性体验，也不一定对视深度和透视有理解，对这之间的差异开展的研究发现，个体对社会生活的理解可以和其心理感受相反。来自英国伍尔弗汉普顿的悉尼·布拉德福德在十个月大时便丧失了视力，52 岁接受角膜移植手术后完全恢复了视力。根据理查德·格雷戈里（Richard Gregory）的描述，虽然手术预期可以成功地矫正角膜的物理结构，帮助他恢复视力，但出乎意料的是，手术无法让他拥有真正意义上的视力。布拉德福德永远也无法理解高度、深度和复杂性等视觉印象，他对此毫无概念。布拉德福德无法解释某些视觉现象的这一事实揭示了"大脑、眼睛、神经及其视觉皮层（作为正常运作的生命系统）等自然连接"与"能够理解视觉意义和形成客体恒常性印象这种生活体验"之间的巨大差异。布拉德福德无法通过获得视觉来解释视觉世界的某些方面，这一点出乎意料，但也说明了隐性学习（implied learning）的作用。从这个意义上来说，隐性学习是指通过游戏和一般发展来学习的能力，这种能力会成为视觉感知的一个自动部分。

然而，对物体的视觉理解通常很容易被认为是理所当然的。即使拥有视力几年后，布拉德福德还是无法理解远处的事物，他更喜欢走近并触摸它们，以此让自己确信这些事物和他以前失明时通过触摸感受所熟知的东西是一样的。他始终无法理解透视和距离，也没有体验过内克尔立方体错觉。而物品在使用后会变得又脏又破的事实让他感到意外和沮丧。同样，与布拉德福德的案例类似，虽然身体器官没有问题，但存在依恋问题的人可能无法理解社会生活的某些方面。

布拉德福德案例对依恋的启示是，在童年时期学习内在工作模型的过程中，就亲密和疏远、困难和成功的一些共享的客观意义可能不会出现在他们身上。在学习视觉意义的同时，对共享依恋理解的心理学习也必然会在相互理解中发挥作用。这给我们的启示是，要想成功实现依恋，人与人之间就必须共享一种沟通的代码。当期望瞬间破灭时，当关系中的一个人而不是另一个人承担了一些以依恋为导向的东西时，社会无意识（social unconscious）就会显现出来。如果两个人共享依恋过程，当一种过程发生时，他们就可以无缝衔接。要使过程的相互性实现，双方就必须协调，即一方提出的要求能够得到另一方的补充和确认。因此，依恋过程保证共享脚本协调性的方式，是通过获取和维护沟通代码而使自我和他人之间兼容并共享这些代码。

结束讨论

包罗万象的心理动力学观点的强项在于明确指出，我们都身处关于各种伤害形式及应对方式的谱系之中，其中包括分裂与压抑、觉察与防御、联想与解离等。人类始终生活在不同的动机冲突所导致的隔离和紧张感之中，甚至生活在解离和解离性身份障碍之中。不和谐和感受丧失的问题各不相同，但都体现了防御性的目的，即通过在自身的各部分之间切换，改变与他人之间的关系，先发制人，对预计会出现的负面事件加以防御。在各种形式和各种严重程度的压抑和防御之中所发生的事情都与情绪过载带来的失控问题有关。这损害了为人父母、工作、离家等基本能力的运作。

弗洛伊德的防御与自我、超我及其意识之间关系的三方观点有关。自我，最初在弗洛伊德的理论中被称为"das Ich"，是"我"，是"意识的一部分，控制着感知和运动……是一种自我保护的驱力……是性欲的源泉……是压抑的原因……符合现实，在某种程度上与现实原则一致……对驱力的反应构成了性格形成的基础并进行现实检验"。"我"具有主观性，是指意识的选择和深思熟虑的一面，以及人们与自己的自我反思性关系。我们可以发现各种类型的自我反思性关系。其中，内疚感的功能是使自我在以后的社会交往中表现得更加恰当；羞耻感具有抑制的功能，可以使自我保持限制和回避。我们应考虑到可能同时存在防止产生心理痛苦的反作用力，一种组合是存在两种假设的状态：虽然有大量证据说明个体具有真正的能力，个体依旧会持续自我怀疑且依旧缺乏自信。人们对自我表现的评价可以通过无法回忆起自我表现良好的经验加以解释；而个体始终无法信任他人，无法相信他人在情绪上是可亲近的，这类情况则可以用类似于对自己、对自己的观点和意图无法保持正向共情的感受来解释，即使个体确实在行为和感受上对自我存在正向的感受并予以公开表达，情况依然如此。

值得注意的是，人们对待自己常常要比对待朋友和亲人严厉得多。"Uber Ich"，即超我，是家庭和文化规范的内摄，其中孩子的超我实际上不是建立在其父母的模式之上的，而是建立在其父母的超我模式之上的；其内容是相同的，因此它成为传统和所有不受时间限制的价值判断的载体，这些价值判断以这种方式代代相传。大多数人都想表现良好，而良心会将表现良好的标准推到令人无法企及的高度，从而让人形成内在张力。然而，在当代，超我最能与更广泛的自我意识联系起来，而难与他人的普通看法相关联，这就是所谓的邓宁－克鲁格效应。这可以概括为一个普遍的原则，即自我批判性较强、自我觉察较强的人对自己的行为举止有较高的标准，而自我觉察较弱、标准较低的人则对自己的低劣表现毫无察觉。因此，超我在那些对自己有高标准的人身上显而易见，他们希望提高自己在社区中的声誉并为这一目的所束缚，从而损害了其对自我的理解及与自我的联结。

根据鲍尔比的观点，人们真正关注的是人与人之间始终存在的外显现象。当暴力事件发生时，随后我们会关注如何使人们从这种负面影响中恢复过来，这些负面影响包括使人变得更加支离破碎和紧张，直至再也无法对抗反对的声音，濒临崩溃的边缘。要尊重创伤体验的现实，就需要了解这样一种事实，即人们遭受的暴力越多，就越觉得自己不稳定。另外，我们理解的一个主要维度是，注意到记忆和心理痛苦在侵入性意象、身体感受和其他经验中的重现是多么强烈，而这些记忆、心理痛苦及这些感受大部分永远不会被表达出来。可以肯定的是，谈论心理痛苦只是将其融入生活的一种方式。

防御始于主动选择、价值观、目标和决策，以及用被动的行为先发制人地自动避免焦虑、痛苦。这些会重复出现，所以成为自动的行为。依恋的体验嵌入跨越时间和不同视角的普通生活体验之中。鲍尔比认为，被排斥和压抑的是意义，统整的自我和受创伤的解离的自我所共有的紧张过程都具有相同的基本形态。全人类意识中的解离形式都是相同的，但是在诊室中接受治疗的暴力和创伤幸存者身上，这类解离最容易被注意到。这样的情况很多，把任何人排除在与个人发展中所谓的创伤后应激障碍相似的病症之外都是没有任何帮助的。所有依恋过程的实例在一种不变的形式中共存。安全型个体、亲密生活中的无组织、解离性身份障碍、精神病性之间的统一模式是，我们都是由若干部分自我组成的。打个比方，管弦乐队的各部分可以完全合拍，也可以不合拍，具体视情况而定。

在不同的时间段及越来越不同的各部分自我之间，自我与自我意识的分裂对所有人而言都是相似的。其共性在于，所有人都在自我和他人之间感受到紧张感和挫折感，也在个体经验内感受到紧张感和挫折感。从某种意义上来说，他人总与我们在一起，我们总是处于期待和回忆中，无论我们与他人之间实际发生了什么。简而言之，心理动力学的方法注意到，每个人都是分裂的，而且在不同的空间和时间，以及在不同的人之间都会存在。不同的是，分裂的方式不同，侧重点也不同。为了领会以上各节的详细内容，我们要从心理动力学的角度理解依恋。"防御性排斥"让个体遗忘了自我和他人之间的经历，其意义在许多方面都会发挥作用。鲍尔比关于压抑的心理动力学和各种防御运作的思想需要被明确，在未来的人际关系中，内在工作模型是对行为和感受模型的同化，或者说内摄。对同一经验的等效解释是一种概括性的解释：从可观察的关系中学习到角色榜样，这是一种社会学习，可以表现为若干具体的自我与他人的联结。

结论

神经质（neuroticism）和创伤诱发的精神质（psychoticism）是在面对暴力时完全正常的反应。人在面对真正难以忍受的紧张感时会产生分裂。在紧张感最强烈的情况下，动力潜意识会产生两个或更多个自我，这样，个体对当时发生的事情的恐惧与对现在发生的事情的恐惧就无法结合在一起。然而，所有紧张感稍低的情况都存在一种相似的倾向，即为了管理或阻止某些可被感知的东西，从一个统整的自我中所分裂出的多个部分自我之间的关系会发生改变。在严重的暴力情况下，个体内心充满紧张感，会促使其自我分裂成两个或更多个自我。创伤以这种方式表明一个自我和意识可以达到的最大程度。暴力谱系上十分严重端的就是童年期遭遇的身体暴力和性暴力，遭受这些暴力的个体进入青少年期与成年期后开始寻求帮助。理解脆弱性增加的关键是，要注意人们对心理痛苦的敏感度更高，接受以自我和他人为导向的情绪调节的困难度也更高。依恋过程显示出不断增加的伤害的变化，如果细心观察人际关系问题的肇始与各种心理困难，那么这种变化就会十分明显。良好的心理健康可以产生积极的心理资本，即因对他人感到满意而有理由快乐，以及相对没有心理贫乏的状态而有积极的体验。

治疗让人格与心理问题的处理得到矫正性修复体验，在这种体验中，自我学会如何在人生的惊涛骇浪中把握自己的命运。治疗应该提供的是"旨在消除过去影响"的"矫正性体验"。这被解读为，由体验得来的"解毒剂"可以让个体缓解心理痛苦，拓宽生活方式，展现实现美好生活的潜力。美好的生活意味着建立起平衡，能够回首好好度过的一生，并有足够多的依恋满足感可供回忆。

出于认识论的原因，鲍尔比的观点中存在一些令人不安的地方。鲍尔比鼓励实验者和实践者接纳可能存在亲密联结的缺失，接受对于缺失、丧失及无法体验某些事情（这对拥有安全型童年的人很容易就能做到）等情况的解释。价值感和感激之情有赖于从反思和分析中学习，并能运用量身定制且有效的矫正性体验。观察发现，尽管具有理性能力，但是人类往往会受到情绪表征的非理性驱使，而这种表征可以得到更好的管理。当建立对他人的安全型依恋过程这一动机以令人困惑的方式陷入各种需求、恐惧和排斥之中时，自我和意识（包括其主要的潜意识过程）之间的平衡可能就被卡住而无法实现。然而，好消息是自我有可能与其良心斗争，促进对其依恋驱力的满足感。

第二部分 依恋在减轻心理
痛苦中的作用

第二部分阐述的理论和技能将依恋现象解读为与自我和他人情绪调节相关；主张在心理过程和心理对象之间建立起特定关系。对理论来说，准确表达定性现象十分重要，而实验方法也迫使人们共享概念的验证和论证。依恋解释了生活体验与过去发展对个体的影响，它们以自我延续的方式推动当前的情绪和联结的形式。自哺乳动物出现以来，依恋便已存在。良好的养育在过去几代建立起安全型亲密关系的人的身上也得到了体现，无论他们是否了解当今根据经验得到的关于良好养育的定义。然而，自从鲍尔比与安斯沃斯将隐性信息明晰化之后，我们就有可能明确存在于前反思理解之中且此前心照不宣的过程和情绪调节，因此有可能对亲密和心理痛苦的问题做出有意识的回应。无论回应是温柔而及时的，还是伴随着仇恨与暴力的，亲密回应都建立在个体所接受的养育模式之上。如果说人们对依恋曾经是潜意识的，但现在是有意识的，那么我们就忽略了一点，即哪怕并不清楚自己如何学会并实现某些事情，我们依然可以完成这些事情。例如，对习惯提供安全养育的人来说，如何照顾儿童是一件显而易见的事情。他们见过他人所做的示范，于是这就成了他们的正常行为。

本部分的各章将进一步讨论这些问题：第四章就依恋被理解为一种定性现象时所反映出的内容做一些基本的评论；第五章讨论自我和他人之间的情绪调节；第六章从控制系统理论的视角阐述心理痛苦与心理健康。

第四章　元表征与动机

　　本章从理论上阐述就自我反思的角度而言，人与人之间的依恋，感受、联系、想象和意识到的必要条件是什么。理解任何心理过程都需要详细说明与注意对象的联系，以便了解某些事情为何是有问题的，了解情绪和意义从何而来并对其进行解释。为此，需要解释心理体验元表征模型的重要性。鲍尔比认为，大脑会建立其关于环境的工作模型，但是如果没有这样的假说，就很难理解人类的行为。这个工作模式是对在有影响力的依恋体验中建立的自我与他人联结的解释。为了以这种方式解释心理建模或心理映射思想带来的结果，首要任务是创设情境，介绍依恋关系中各隐性选择之间的行为动机和元表征。贯穿本章的一条主线是，明确依恋关系中两个人之间各种过程的有意义且可观察的方面。由自我和他人构成的整体的两半部分相互协调，从而形成一个依恋过程。为使某一依恋过程能够在目标矫正型伴侣关系中发生，就必须具有相互性，以便以协作的方式共同创造出二者之间所发生的事情。同样，在治疗中，或者在一般情况下，如果两个人拥有共同的目标，就可能会体验同样的过程，而且这些过程也可以在他们之间得到协调，否则就会出现冲突。因为如果两个人没有商定共同目标，就会出现混乱和冲突的紧张状态。

　　依恋需要实现关系中各种力量的同步性和同时性。参与者之间需要制定并适当协调依恋过程中交流用的一整套言语和非言语代码。既然从心理学的角度来说，依恋十分重要，那么我们就需要准确了解什么是联结，理解导致过程保持不变或变化的条件。虽然动力可能会自动变化，但是与特定他人的关系往往会依赖于自己的动力水平。

元表征的定义

元表征是表示表征关系本身的能力。"元"的意思是"关于"，因此元表征是指能够讨论和说明客体在任何实例中如何显现，无论对意识过程还是对潜意识过程来说。例如，任何关于内在工作模型地图及其领域之间关系的讨论中都会出现依恋的元表征。关注元表征的理解就意味着个体具备一种自我反思能力，能够理解依恋过程和依恋客体以多种感知形式呈现，这些形式包括情绪、行为、依恋关系、固定方式的体验或影像。用术语表示这种意识的意义在于，它可以准确地指出发生了什么，并且说明内在工作模型是如何与隐性的、潜意识的心理过程联系在一起的。元表征需要使用人们在4岁左右形成的能力，即反思和比较对自我和他人在认知与情感方面的不同观点，那时儿童就能够理解并解释自己如何知晓他人误信了某件事。元表征让个体拥有将隐性差异明晰化的能力，以及解释他人为何会有错误信念的能力。例如，如何判断在某次体验中母亲是在生自己的气而非持与往常一样的态度。这是对另一个人的某种感受与其给人的惯常印象之间的区别。

元表征表明人们如何通过体验来改变自己的视角，并解释了诸如可观察到的行为如何建立在错误信念之上等问题。同样，依恋在其四种过程中展现了不同类型的整体性。这也是元表征模型的一种成就，因为它讨论了其组成部分，即自我、他人及他们之间的关系。一种与之类似的有益的思考方式是说明过去、现在和未来之间的差异并找出其中的联系。

元表征是个体理解自己的理解本身的能力：不同意识形式使人们对同一注意对象及人与人之间的过程产生了多种感受。抽象术语涵盖了大量具体的可能性。可以形成元表征的媒介包括思想、情绪、可观察的行为、讨论、写作或符号图解等。元表征的基础是意识到心理感受的能力和心理过程使用的形式。相关术语有元认知（meta-cognition）、意识的意识（awareness about awareness）、反思与心智化。当一种形式的意识指向另一种形式时，如果我们能够理解意向关系，就能够对心理表征和前反思的有效性、性质和来源进行反思。依恋的元表征涉及在理论解释中对其形式进行比较。思考自己所感受到的东西，或者感受他人所能想象的东西就是两个例子，尽管还存在很多其他的可能性。元表征是心理思维能力的一部分，认为他人和自己受情绪、意义驱动。元表征涉及当他人在不同心理状态间游走时，对激励并促使他人采取行动的内容产生共情的能力。

依恋中的元表征可以确定心理过程与同一客体不同感受之间的特定关系。例如，当寻求照料和给予照料之间的相互反应占用了同一组情绪和关系过程时，两者就会共享同一个目标。如果两个人假设或明确同意他们当前行为的动机序列目标相同，他们就能共享依恋动力。一旦实现了这一点，就有可能在形式上比较人们如何根据对待不同心理状态的态度赋予这些状态以意义。元表征涉及元认知，只要比较针对同一客体的显性意识感受，就会产生元认知。简而言之，对自己或他人体验的意识与反思是对表征本身所做的定性研究的基础。这是说明一些基本因素（必然涉及对于精神、情绪及其他类型生活体验的解释）的方式。

从某种程度上来说，人们能够通过自我反思和自我意识来反思自己的体验，同时理解自己。然而，元表征一词所确定的内容具有更广泛的普遍性。以理解图片为例，艾奈·克恩（Iso Kern）和爱德华·马巴赫（Eduard Marbach）将元表征定义为理解"（作为简单客体的）外在感知图像或模型以某种方式表征（dasrstellt）某样东西"，理解"作为另一个主体的另一个人以某种方式表征某样东西"（即为自己塑造或表征某样东西），这两者似乎是完全不同的意识模式。克恩与马巴赫指的是对人及其社会心理对象产生共情的能力，也指代人与人之间的依恋过程。例如，共情代表他人对客体的看法，这是由于个人之前的社会学习而形成的。具体来说，在对依恋的思考和交流中，不同的自我意识、他人及他们之间关系的构成要素会在时间上被定格，在个体生命早期定格的这些部分往往会主导当前的现实。

3 岁以上的儿童开始能够判断，他人可以被不同的方式激励。这是一项发展成就，它支持个体对同一事物的多角度理解，并涉及在替代行为和结果之间进行选择的方法。例如，元表征模型可以确定，如何根据自我与其被动或无名的情绪整合（这些情绪整合可以自动形成情绪表征和对某些东西的情绪感知）之间的心理动力学关系呈现当前的或仅仅是有可能出现的情景。思考防御的目的，我们就会发现自我和作为一个整体的意识之间所存在的一些明显区别。

　　一般而言，心理动力学上的"推"和"拉"需要被明确，因为个体会对现实的和仅仅有可能发生的反事实状态进行比较，这是个体在两人相处中和共同的世界中不断地调整应对。因为元表征，我们才能描述和解释这些表现与结果。个体有必要对自己的能力进行说明，证明自己自觉地知晓心理学的解释是如何产生的，并能以不同的方式加以复述，或者完全通过不同的交流进行陈述。互动是由与亲密关系中照料意义相关的心理过程产生的。问题的关键是，拥有心理思维与情商的人天然就能够与他人产生共情，把握他们对自己关注客体的指向性，元表征则是反映、分析和对比这些感受的形式上的显性能力。

跨时间的元表征

　　在同时考虑两种不同结果的情况下，关于这两种结果的元表征就是实现决策的方式。跨期选择需要的是短期调整（short–term fixes）的元表征，而非长期回报的，后者往往需要冷静和专注，以实现技巧更熟练、冲突更少的结果，弗洛伊德很清楚这一点。控制理论是情绪调节的主导模型，意在理解自我及自我意识的内在运作，其中在知晓如何处理各种选择这方面可能存在冲突。元表征的典型例子发生在跨期选择之间，在时间点一上，是快乐或分心的短期快速调整，而在时间点二上，是长期适应的延迟满足。短期调整可以带来快速回报，但也会带来成本和风险。例如，尽管存在不可避免的后果和风险，但是人们依然会为了获得快感或让自己振作起来而选择吸烟、饮酒等活动。选择短期调整就是在即时回报与长期风险和成本之中选择即时回报。通俗地说，短期调整的积极作用是，自我通过回避（一种负强化）执行防御性的快速选择，从而获得快感或奖励自己。

弗洛伊德假设了成对出现的对立倾向，试图从理论上解释客体是如何进入和离开有意识的领悟的。他在《论心理机能的两个原则》（Formulations on the two principles of mental functioning）一文中声称，神经症（neurosis）和精神病是远离感知现实的防御。自我满足的初级过程始于婴儿期，随着时间的推移，儿童学会在自己的限度内生活。然而，经过多年的成熟发展，成年人应该知道，要想真正实现改变，就需要在现实世界中不断努力。这种务实的观察是弗洛伊德在理论上提出快乐自我与现实自我之间存在张力的根源。前者希望能够获得满足感并通过想象现在的满足感加以实现；而后者则追求实用，并且从长远上来看，它会保护自己。提供短期缓解而非解决根本原因的任何决定，以及关系中个体的最大利益都会将各生活领域的问题普遍化，这有可能产生更大的失衡，对个体的情绪和自尊产生连锁反应。然而，有时个体并不能永久压抑心理痛苦、被压抑的记忆和表征，而且可怕的事件时有发生。弗洛伊德认为，尽管记忆性的表征被储存起来，但是它们可能会不时以新的情绪联结在意识中重现，而先前有意识的情绪则会导致情绪问题。这种克制而不表达心理痛苦的情况具有可变性，是一种真实存在的现象。所以，治疗的方向是让患者充分重视致力于长期的满足感并在这一过程中应对自己的无成就感和挫折感，以便通过工作、努力和自我管理获得社会可接受的满足感。因此，治疗的方向是减少幼稚的满足感、自恋的幻想、通过快速调整获得的短期快感，以及精神分裂型想象等。弗洛伊德疗法的寓意是，一个人潜能的升华和实现必然离不开延迟满足，而延迟满足是成熟的同义词。

防御性选择的负面影响是对短期缓解的重视超过对延迟满足的重视，这可能与情绪性推理（emotional reasoning）有关。情绪性推理可以是"感受快乐，所以我会拥有快乐"，也可以是"因为我觉得＿＿＿＿＿＿，所以我不会＿＿＿＿＿＿"，或者可以是其他版本。如果自我完全认同于自己的感受，或者个体认为在感到诸如心理痛苦这样的情绪时应该如何表现，那么就会出现问题。这是另一种情况，需要进一步深入依恋蕴含的所有经验证据中去。情感是身体上的感受，可以成为对注意对象有意识的感受，不论当前是否存在感知客体。依恋在某些方面的作用与完全出于想象、预计或记忆之中的感受有关，而他人是无法获得这些感受的。情绪可以用来设定行为规则。在情绪回避中，个体可能倾向于回避可能的心理痛苦，也可能回避向他人呈现自身的感受。心理痛苦会导致行为厌恶，而积极的渴望则会促使人们寻求某些东西。信念和情绪的紧密关系（尤其对年幼的儿童而言）意味着存在情绪性推理，因此感受到某些东西（如对自己和自己的需求产生羞耻感）便成为个体应该如何在亲密关系中行动的内隐信念。情绪性推理的观点是，两种情感动机（即对真正令人满意的事物的情感动机，以及对真正值得回避的东西的情感动机）是迄今为止人们做出行动决定的最重要因素。

如果感到心理痛苦与某些当前的或可能的状态相关联，那么选择回避这种心理痛苦就可能是评估决策方式的唯一因素。吸烟和饮酒的负面后果众所周知，因此人们不会留意它们触发了心理痛苦，也不会启动依恋或防御行为的动机序列。酗酒既会造成宿醉的中期代价，也会带来长期的成瘾问题；如果多次宿醉无法改变行为或解决问题，那么宿醉的中期负面后果就被认为是为获取短期缓解必须付出的合理代价。

另一个涉及元表征的例子是，自我依据对自身身心健康需求的不准确理解来行动。如果自我选择放弃自我控制，并且为了短期调整而忽视对未来延迟满足的高度期望，那么就需要正确理解这类带有主动和被动方面的选择。问题的关键是，我们仍然需要弄清楚成瘾人格的回避性和强化性在多大程度上是由于饮酒、吸毒之类以快感为基础的活动造成的，抑或是由于个人经历的创伤而引发的防御性行为，抑或存在其他意味着内在平衡陷入不健康状态（风险大于收益）的动机因素。通常，我们在治疗中并不运用逻辑来解决问题，而是坚持不懈地重新调整平衡，从而实现身心健康。这些例子表明，利用与经验有关的概念，以有意义的体验式方式来解释失衡与不和谐的独特组合，对鉴别诊断心理痛苦具有重要意义。

从元表征的角度来说，依恋的四种类型有一个递进的过程。亲社会安全型依恋过程的个体（通过洞察力或自我理解）往往对自我和共情具有准确的解读，并感到安全和有保障。焦虑型依恋过程的个体存在反抗、愤怒和需求，他们关注的焦点是预期性的共情距离，或者与照料者的分离。在回避型依恋过程中，由于个体预计联结会让人失望，因此自我对照料的渴望会被压抑，最终导致个体会约束自己，以免与他人产生联结。在无组织型依恋过程中，个体会出现混乱和变化，这是他们管理已经发生和可能发生的事情的方法。与依恋相关的各种心理客体是在以下三种形式的意义发生时对其加以识别的基本经验。

- 从婴儿期开始，在个体的一生中，如果自我的幸福感受到实际威胁，就很可能形成不安全型依恋过程和无组织型依恋过程。不安全型照料本身可能会导致个体情绪失调，儿童的依恋需求得不到满足，这种影响会延续到青少年和成年期。

- 如果个体的心理痛苦是因威胁感而产生的，那么认识到能否找到一位有价值的依恋客体帮助自己是有用的。这个人可以是为人所熟知的人、能力非凡的人（对婴儿而言），或者是同龄人（对成年人而言），是有智慧、有同情心、能够提供帮助的人。如果找不到其他人，那么可以把积极体验的记忆和内在资源作为处理情绪、解决问题、在当下的情境中行动的示例加以回忆。儿童时期的安全型照料奠定了成年期情绪调节的基础。

- 依恋客体亲近的一个关键现象就是个体认识到他们在情绪上被表征为心理可接近的（具有共情的能力并愿意提供支持或某种形式的帮助），这通常会带来令人满意的心理接触（也可能没有，视情况而定）。

但是，有些心理问题的自然原因是不可逆的，如衰老对大脑的生理影响和对身体的生物化学作用。在生物学领域，医学模式是恰当的。然而，要正确地理解任何个体的内在主观背景，就需要对其与他人之间发生的事情的共同特征有所了解，并以此为模板来注意其他的异同之处。自然主义的解释不同于心理学解释，因为它指明了自然原因。近年来，人们热衷于镜像神经元的解释，这种解释其实已经超越了它们的神经功能。心理学的解释通过对思想、感受和行为的比较而对做 X 的动机如何优于做 Y 的动机进行具体说明，并得到了公众、理论家、研究者和实践者切身体验的认可，构成了实证干预的出发点。心理学对问题和答案的上述解释都涉及元表征。

作为行为结果的动机序列跨时间的元表征比较

下面列举几个案例来加以说明。心理变化不仅涉及信念或行为的改变。从整体性观点来看，整体的碎片是导致失衡持续存在的生活方式。如果个体所关注的整体是自我加上自我对未来的预计，那么可以想象，自我与未来所建立的关系就是一个充满错误和困难的、令人担忧的灾难性未来。如果是这样，那么意识就会自动回应焦虑和抑郁的情绪，这可能导致自我的功能受损。如果自我很焦虑，并把这种情绪解读为需要做出防御行为，以保护自己，那么它就会避免面对痛苦，或者过度使用防御来保护自己的舒适区。这是一种过度防御反应，是个体通过心理客体促进自身对焦虑的经典调节，并通过回避心理痛苦的负强化来回报自己（而自我本应该采取相反的应对措施，即应对、容忍心理痛苦并逐步恢复）。

掌握依恋问题的一个方法就是了解依恋相关的问题和资源存在于何处。下面提供的对该问题的解答强调，在不安全型依恋过程中，防御的过度使用确实在触发情境方面存在个体差异。从发展的角度来看，这些问题是由记忆、预期、意义构建的习惯和过度使用的技能（源自伤害发生的童年和原生家庭）所驱动的。当前的依恋问题介于两种社会性习得之间，即在当前进行的社会性习得与在个体内心深处内在工作模型的社会性习得。讨论可促进反思并突出来访者生活中的关键心理客体和过程。

依恋是活跃而动态的。情绪的自动特质（会影响自我）是指开启与他人关系中的有意义的行为动机序列。与发展心理学中的一般结论（即元表征从个体 4 岁起开始显性）相反，依恋似乎是一个自动的过程，在形成分辨真假信念的能力之前，个体就可以区分与所接受的照料相关的情绪交流和信念。依恋研究表明，在具有明确的元表征能力之前，婴儿的元表征从 6 个月大时就已经出现，但它的运作并不涉及婴儿的选择能力。依恋中之所以存在元表征，是因为不安全型依恋虽然不能实现安全基地现象，但它与安全基地现象有一定的关系。婴儿知道应该期待什么，并相应地改变自己的行为、沟通表达能力和交往表现力，这些最终成为他们在寻求满足照料相关需求时采用的一种普遍化的应对方式。体验之间的情绪联结具有自动性特质，即动机、行动和感受之间的联系是将四种依恋特征模式中的各部分连接成整体的条件。婴儿长大成人之后，他们的反应中包含早期的内在工作模型。

内在工作模型

内在工作模型是理解心理世界的关系习惯、信念及情绪的地图，是一套有关照料和自我－他人互动的表征（在记忆、前反思的持续影响、思维习惯、情绪、预期与关联等方面）。依恋地图始于原生家庭，是概念化当下关系影响因素的一种方法。依恋的四种内在工作模型描述了前反思习惯现象，即个体根据对自我和他人的感觉记忆及两者之间的关系而寻求（或不寻求）亲密关系。必须指出的是，鲍尔比对使用依恋地图来指代依恋过程模型持谨慎的态度，因为他担心依恋地图传达的是一种无法更新的具体化能力，而事实上它们是可以更新的。元表征涉及心理模型。必须指出的是，弗洛伊德在他的最后一部著作《精神－分析的概要》（*An Outline of Psycho-Analysis*）中这样总结道：

　　科学工作从我们的原始知觉中得到的收获将包括对联结和从属关系的洞察力——这些关系存在于我们的外部世界中，能以某种方式可靠地再现或反映在我们心灵的内在世界中，以及使我们能够"理解"、预见并可能改变外部世界的知识……我们推断出一些过程（这些过程本身是"不可知的"），并把它们插入对我们来说有意识的过程中。例如，如果我们说："此时，潜意识的记忆介入了。"这意味着，"此时发生了一些我们完全无法概念化的东西，但如果它们进入了我们的意识，就只能以这样或那样的方式来描述。"

　　这段话指出了自我-他人关系中的动机模型。同样，鲍尔比指出，这也是关于社会现实的"外部世界"与心灵的"内在世界"之间关系的内在工作模型的思想根源。在依恋理论中，鲍尔比所用的模型背后的指导思想来自哲学家肯尼思·克雷克（Kenneth Craik）。克雷克认为，心理地图的领域是关于如何根据已经理解的信息来理解新信息的一般领域。因此，我们所说的模型是指任何物理或化学系统，其关系结构与其所模拟的过程类似。克雷克所称的"关系结构"是一个物理工作模型，其工作方式与它所模拟的过程相同。在关于动物的意识如何模拟现实的一般性讨论中，似乎生物体头脑中存在关于外部现实及其可能采取的行动的"小规模模型"，它能够尝试各种备选方案，选出最好的那个方案，在未来的情况出现之前对其做出反应，在处理现在和未来的情况时利用过去的知识，以各种方式对它所面临的紧急情况做出更充分、更安全、更有能力的反应。克雷克对心理地图的理解是鲍尔比提出的代表童年现实的内在工作模型的先驱，也是对关于同一关系的多种互动模型的发展。清楚对同一情况可以有多种可能的理解这一事实，有助于比较安全型模式和不安全型模式，并强调它们对证据的不同处理方式。

　　内在工作模型的解释思想是我们（从情绪上理解自我和他人当前状态时）理解自我和他人联结的模型。依恋理论所描述的现象包括儿童和成年人就如何获得帮助的普遍理解所具有的依赖倾向，这些在情绪意识如何表征其所处世界的背景下发生。在安全型依恋过程中，个体能够获得照料，直至其满足为止。正如鲍尔比所言，终止行为的条件根据唤起的强度不同而有所变化。依恋理论中的自然主义倾向是将公开观察到的现象与达尔文的生物进化论观点相联系。虽然这是自然主义的观点，（在一些规定条件下）也是可以接受的，但问题是它并没有倾向于将现象定义为心理过程，并将其与可识别的相互作用的心理客体联系起来予以解释。归根结底，研究者和治疗师们所希望的，是通过被证实的理论认知来概念化依恋问题，理解变化的可能性条件。艾伦伯格明确指出，是弗洛伊德开启了"童年造就成年人"这一发展性的概念化过程。起源于童年和原生家庭的心理原因在信念、情绪触发因素方面留有其印记。依恋会产生实质性的影响，塑造个体成年后的亲密生活方式，影响其与伴侣、儿童、父母的关系，影响其家庭和朋友。在此过程中，情绪、自尊、性格、心理问题与人生成就并存。图 4.1 总结了从过去到现在构建内在工作模型的过程中存在的一些最普遍的原因。

依恋的内在工作模型的起源，同时伴有感受方面的痛苦联想

↓

当前的触发因素会让个体产生心理痛苦和原初的依恋需求，
对其情绪和自尊心产生影响，并抑制其探索

↓

成年后，如果当前存在安全基地，那么个体与它接触和对它加以学习会减少其心理痛苦，促进其问题的解决。（但如果当前没有安全基地，个体也没有能力获得个人安全资源，那么个体的心理痛苦和防御会在不安全型依恋过程中反复出现，其情绪联想会损害个体在各种情境中的功能。）

图 4.1　依恋问题的起源与当下触发因素和过程之间的意向性关系

　　然而，对离婚、孤独和缺乏目的性证据的一种解读是：未被满足的依恋需求无法通过其他任何方式获得满足。情绪调节问题和对不快情绪的过度敏感都是由个体的人生习惯和信念造成的，这些习惯和信念会作为个人身份的标志物被人忆起。

依恋中动机序列的元表征

　　心理客体的体验可以通过动机来构建地图。下面让我们以容易产生焦虑型依恋过程的个体为例进行说明。在遇到压力后，他们很容易过度兴奋、情绪失调，而且来自他人的抚慰和情绪调节对他们的效果可能微乎其微。有焦虑倾向的个体对心理痛苦非常敏感。如果个体很容易接触到过去关系中的痛苦和失望，那么当前与他人的冲突很容易唤起其对过去心理痛苦的回忆。在焦虑型依恋过程中，自我有时会主动抵制照料，对他人的积极趋近无动于衷，同时又表达出自己的渴求；他们反抗那些真实存在却仅仅被解释为缺乏照料的行为，因为他们相信自己没有在应该得到照料的时候获得照料。因此，焦虑型依恋过程涉及个体对他人在趋近和疏远之间的摇摆，并相应地努力尝试统一对自我和他人的矛盾感。具体来说，矛盾的双重性是指一边表现出需要、渴求、自我寻求，一边表现出拒绝、愤怒、自我拒绝。

　　回避型依恋过程的成年人存在矛盾心理，他们偶尔允许他人亲近自己，虽然让他人亲近这件事本身对他们而言就是焦虑和自我怀疑的一种根源。回避型依恋过程的个体预期他人不响应、不可得或具有侵略性。这就产生了自我克制，压抑了与依恋相关的情绪和体验。压抑让个体在关系中低投入，因为害怕失望而远离他人。与其他依恋过程的个体相比，这类个体无法亲近他人，这也为理解他们如何保持心理距离提供了一些线索。

　　无组织型依恋过程比较复杂，因为这类个体身上会突然表现出吸引和排斥，有时甚至两者同时出现：僵住、战斗或逃跑。另外，由于在智力层面上，元表征模型能力直到个体4岁左右才完全形成，所以当年轻人离开家并通常在家庭的影响之外生活时，这些影响会在他们童年或之后的人生中如何得到体现尚不清楚。

　　然而，第一次离家的经历可以清晰地显示出年轻人的依恋地图。因为活动领域发生了变化，个体在新的环境中使用旧的模式可能已经无法满足需要了。个体在成年后的依恋变化是很明显的，因为这时的依恋地图需要更新。当儿童长大成人离开家时，会把如何建立依恋地图带到一个新的心理领域。所以，在这个过渡期，个体有足够的空间来寻找证据，证明该依恋地图不再适合新的领域。目前大家的共识是，依据生活体验构建的依恋地图是独一无二的，因为在瞬时变量与其他可识别的变量中存在很多变化。人们有其各自的依恋地图、社会学习地图，以及不同的贡献地图，这些地图在沟通和表达着他们的生活方式。社会学习包括大约在婴儿 6 个月大时就开始在家庭或原生家庭中出现的依恋的内在工作模型地图。

　　个体带着具有自己风格的地图，并且会常常查阅该地图，例如，在自动参与活动时，或者自我在较高的次级思维过程中做出明确的决定时。在面对压力时，个体更容易出现不加斟酌地做出前反思类的行为，从心理储备中调用"精心排练过"的习惯动机序列。有许多重复出现的情况和新的情况需要有技巧地、娴熟地应对。地图的比喻很有用，因为它讲的是一种关系。最让人感兴趣的不是地图本身，而是它的整体使用方式，因为它所考虑的特质是个体渴望和明确寻求的需求被满足与否的实时动态变化关系，与需要避免的威胁相对应，与个体一些进一步的能力有关，包括意识到并检查从当前的生活方式中获得了怎样的满足，以及理性和非理性如何在同一个人身上共存。内在工作模型的质量及对它的使用通过地图这一隐喻表现出来，它强调了个体如何在包罗万象的意义上实现以自我为导向的整体过程，以及个体希望如何处理人际关系及如何对待自己。同样，个体理解治疗关系的背景是其不安全型依恋过程，而不是治疗师维持自我和他人之间安全关系的能力。

　　因为存在一些反直觉的事情，所以要理解特定的理论，就必须了解依恋控制设置是如何在四种方式上陷入困境的。例如，从逻辑上讲，在莱昂·费斯廷格（Leon Festinger）的认知失调理论中，我们有理由假设，人们努力减少心理痛苦、心理不协调和焦虑的状态，而更倾向于整体上一致、放松的状态。但这与两种不安全型依恋过程和无组织型依恋过程恰恰相反。与费斯廷格的理性假设相反，依恋研究显示，不协调、区隔化、分裂或不一致等形式与其他理性状态共存于个体的同一意识中。这些支离破碎的状态在个体的同一意识中共存，其在结构上类似于未特定的解离障碍和解离性身份障碍这两种最极端的情况。每个人都既是统一的，也是分裂的，可以在体验个人的完整性与能动性的同时，对他人持有截然不同的态度。事实上，在某些情况（如回避、压抑、解离和解离性身份障碍等）下，尤其当出现药物滥用和虐待的情况时，个体不协调的状态往往会长期存在。

结论

如果当前的社会环境对自我产生了过度影响，对其提出了要求，并呈现出不确定性，那么个体的情绪（在任何时候、任何环境下，一个人的生命体感受范围内的表征模型）就可以被称为有意义的关系感受。当存在焦虑和心理痛苦等问题（这包括对当前事物的恐惧，或者面对可能发生的事情而产生的焦虑）时，如果没有以诚实和开放的方式对其进行讨论，那么在当下的关系中，缺乏讨论是阻碍个体再次达到平衡的一个因素。如果自我处于一个拥有比较规范过程的社会背景中，那么在重要的社交活动前可能会产生社交焦虑，在活动中可能会产生恐惧。然而，只要不选择回避，停留在产生焦虑的情境中就会对其形成习惯（通过接受心理痛苦、损伤和风险），拥有放松的反应和良好的功能，这就改变了所有的意义。只有具备形成关系能力的安全型依恋过程才遵循费斯廷格的假设：可以促进一致性、增加个人整合感、减少不一致性。而不安全型依恋过程则显示出维持无效状态的过程。

因为治疗的目的之一是为了增加安全感，促进自我表露，所以需要协调人与人之间在亲密关系上的舒适度。这通常被认为是设置界限，但实际上，协商的整体设定是个体（在心理环境中处理联结时）具有不同功能性的原因。根据内在工作模型的设定，每一种依恋过程都有一套属于自己的、与他人交往的方式，例如，在压力下或由于其他原因，个体可能会呈现出一种远离更开放、更

稳健的自我 – 他人交往方式的趋势。如果联结和思维的习惯发生在两种不安全型依恋过程中，那么尽管存在改变的难度，但它们是开放的，是有可能被理解和矫正的。如果某种疗法声称自己采用的方法具有情境化或关系化的特性，那么它就会抓住在个体关系中重复出现的问题细节，并利用治疗关系帮助来访者改变他们的关系模式。

在治疗中，治疗师每时每刻都需要了解双方对彼此的感受。然而，治疗有必要再进一步，因为对某一客体的任何感受都只是众多其他感受中的一种。若转化为人际关系，则意味着当关系中的任何一方对另一方产生共鸣时，或者一方与另一方联结而进行自我解释时，所发生的事情及其解释意味着感受和存在的东西都可能以其他方式存在。在依恋中，在与元表征（即认识和反思心理状况，并通过言语或文字将其呈现给自我和他人的能力）相关的防御上，人们立场不同。元表征创建了对不同的现实和可能性进行反思和比较的能力。

防御针对特定类型的威胁客体，这些客体会在一生中不断改变，诸如怎样应对冲突和失望，如何应对朋友、家人和所爱之人让人失望的风险，以及如何应对一个人对另一个人投入爱和关注之后会发生的各种情形。同样，还有如何处理来自他人的不必要的积极关注，以及如何应对希望过度亲近或过度疏远的人等问题。以上内容需要进一步的实证探究，以确定依恋中的控制设定是如何陷入困境的，又如何得以改变的。可喜的是，通过大体上的了解，以及通过心理治疗获得的新认识，来访者可以在自己关于依恋的习惯和信念上有所突破和进展。

第五章 美好的生活是矫正失衡

本章假设所有的心理治疗均以在会面结束后很长一段时间内提高来访者自我管理式的自我照料为目标。自我照料的一项功能就是学习如何自我修正痛苦，与他人建立联结，以得到进一步的抚慰，创造解决问题的办法并采取矫正措施。本章主要讨论在思考控制系统理论的主题时可以观察到的共性，以及重新平衡属于自我范畴的各种神经质和精神质。这些依恋类型必须被正确理解，否则问题就会变得更加复杂。鲍尔比运用控制系统理论的概念，以自动自我管理的理念取代了弗洛伊德提出的驱力（Trieb）概念，即遗传的生物驱力。内在工作模型、建立关系和对之进行解释的过程均体现了个体通过社交习得的关于自我和他人的一般化图景。内在工作模型中的习得的自我－他人的联结感指向特定的依恋客体，当个体处于压力下时，这种感受就会影响当前的依恋过程。

下面将介绍内稳态、控制系统理论、目标矫正关系及自我调节等概念。心理治疗工作鼓励对无组织型依恋过程和不安全型依恋过程进行重建。下面就自我修正的影响这一话题进行说明。关键现象是，儿童时期获得安全型照料的人很可能具备解决问题和自我安抚的能力，而未曾获得安全型照料的人则更有可能试图以各种次优的方式来安抚自己，这本身就会影响或阻碍个体对问题的解决，因为心理痛苦会限制其共情能力和准确的洞察力。实际上，来访者寻求帮助时会说："我在做的事情会产生一些负面影响，对我造成伤害，但我一直这样做是因为它给我带来了短期的收益。我一直无法改变我在这方面的行为，甚至难以做出其他尝试，但是我希望能够得到你的帮助，帮助我改变我正在做的事情。"

信念、情绪和习惯是依恋的基本属性。来访者知道，自己在人际关系中所做的某些事情是无益的，但是这个问题中有一些方面是由自我及自我意识负责维持和重复的，它会自动为其寻找理由。防御能够带来一些益处，例如，通过回避或类似的负强化，个体获得的回报是心理痛苦的暂时减轻。问题是，如何以积极的方式打破平衡，终止负反馈，创造矫正性体验。人们之所以寻求帮助，是因为他们无法对自己的感受产生影响。他们想体验好心情并与他人建立良好的关系，却被困在另一些完全不同的感受中。问题的部分原因是，他们没有根据客体和背景对自己内心的依恋地图进行检查和更新。简而言之，治疗行业存在的一个原因是促进人们的自我修正的能力，帮助人们减轻心理痛苦，克服相关缺陷。通过讨论防御的动态力量及其撤销，我们为下面要展示的内容做好铺垫，然后再介绍开放性和意识的必要性。值得关注的美好生活涉及发现心理痛苦及做一些有助于承受心理痛苦的成熟行为的能力。接下来三节的讨论将帮助我们理解防御性排斥和正念意识之间的作用。

美好生活：安全意识与再平衡

我们首先需要明确什么是美好生活，因为个体需要大量动力和不断的提醒，以支持其拥有实现长期目标所需的灵活性、坚持性和学习力。美好生活是在大部分时间里，在伴侣、家人、朋友身旁能够体验到安全感。我们会发现，在服务行业中，人际关系十分重要。依恋是对人类现实的一种真正全面的理解，因为要实现与我们所关心的人共度美好时光这一目标，确实有可知的形态和方式。如果个体当前与伴侣（因为其伴侣在现实中似乎正在通过实际的疏远行为与其拉开距离）、家人、朋友的关系十分紧张，那么其当前的感受就与原生家庭中的依恋存在特定的关系。一种可检验的假设是，我们需要准确了解个体在当前关系中的低自尊、焦虑、抑郁和僵化局面与亲密关系的长期存在方式之间具有怎样的关联。如果个体觉得自己过去没有得到关心，在家里和学校里都没有人可以依靠，那么其成年后难以与伴侣讨论自己的行为，他们所处的关系突然变成了一个无人区。问题确实存在，但当问题无法得到讨论时，亲密关系可能会让人觉得不安全，也不值得信任。理论上，如果无法做出可检验的假设，那么上一代人的经历会经由暴力、虐待性的继父母和混乱的离婚等方式延续到下一代身上。

个体寻求专业帮助的动机是减少心理痛苦，此时是他们第一次将这些痛苦表达出来，尽管这往往会令人感到羞耻。对心理健康问题的污名化会增加人们求助的阻力。消除与寻求帮助相关的污名化可能需要人们承认自己的心理痛苦，这也是阻碍人们寻求帮助的一个因素。同时，自我表露开启了一个更关注（而不是更不关注）心理痛苦的过程。来访者经过最初的开放阶段后，应该能感受到接受治疗的价值。现在，不仅是童年各方面的意义发生了变化，而且心理痛苦和污名感应该会减少。之所以使用"应该"这个词，是因为定义积极改变路径的基本解释包含心理痛苦，而这不是每个人都能承受的。治疗的一个普遍目的是帮助人们了解自己，促进其提升自我安抚能力，并促进其采取新行动，以满足自己的需求。那些限制若体现在人格和生活方式上，则被称为"人格障碍"；若体现在压抑对爱和照料的需求上，则人们可能难以获得幸福。

良好的心理健康源自理解。美好生活的实现是个体通过采取有益的行动来创造一种合适的生活方式。心理治疗师的作用是与来访者建立联结，帮助他们实现自我管理式的自我照料，成为能够提供照料的人。良好的心理健康不是没有心理痛苦。治疗提供的美好生活是斯多葛主义的一个版本：重视灵活应对心理痛苦的能力可以提高心理韧性和稳健性。拥有良好的心理健康的个体能够应对情绪失控，这与其自我如何在社会情境中定位自己、如何应对从他人那里感受到的分离感和疏离感，以及如何应对自身未被满足的需求和价值观有关。这一点很重要，因为长期心理痛苦会削弱自我体验与他人良好接触的潜力。生活就是如此，总会有痛苦、疾病、挑战、挫折、厄运、突发事件和新奇的情况。

美好生活是个体能够通过内心资源平息心理痛苦，展望未来，以及与他人协商来应对负面事件、解决问题、缓解心理痛苦。实证研究发现，美好生活的一个来源是个体在童年时期感受到心理痛苦时得到父母的关怀和安慰。童年具有安全感的人更易于拥有良好的心理健康，因为他们天然就知道如何自主地与他人建立联结。理解这种情况的方法是把它看作一种先天的发展控制机制，在这种机制下，即使个体暂时失去平衡，也能自动快速地恢复平衡。

就目前而言，应该指出的是，自我在其世界中对于自己的描绘可能产生许多后果。自我如何对待自己，以及他人为何可能（或不可能）与之交往都是由微妙的差异所造成的。有时，对他人的最细微的询问（如对他人表现出的兴趣、声音的音调、非言语表达的质量等）都可以打开或关闭人与人之间的那扇门。对任何客体的感受构成心理地图的过程都是建立在个体先前对它的处理方式之上的。言语、情绪、身体和性暴力的经历会在个体心理上留下印记，而这些冲击让个体先前形成的整体意义被破坏，从而破坏人们对一般人善意程度的信任。

理解心理过程中的习惯在自然而然地运作是有帮助的。这些习惯包括个体在面对一些可能永远也不会发生而自己担忧的事情时，可能会娴熟地尝试找到解决方法，目的是可以避免仅仅是可能、而非真实发生的心理痛苦，因为心理痛苦指向的客体在知觉上并不存在。某些与不安全型依恋过程相关的心理痛苦更多与自我相关，而其他心理痛苦更多与他人有关。但是，如果个体对他人的帮助缺乏信任，习惯性地将他人的意图视为消极的，就不可能真正尝试去解决问题。

当人们防御心理痛苦并试图通过自己的创造性来回避、分散或减少心理痛苦时，这些防御行为有时对心理痛苦的影响和信念几乎没有什么作用。在大多数情况下，防御行为并不能解决问题，长远来看也不能缓解心理痛苦。然而，如果防御不起作用，尝试解决问题的努力也带来了负面后果，那么人们就需要长期努力控制自己的心理痛苦且在关系中反复出现问题（即各种矛盾与心理痛苦）之后，可能会开始接受治疗。自我修正带来的影响是来访者获得了自我和意识，是一种从反复发生旧问题中解放出来的方法。心理痛苦反复出现是因为自我之前所做的阻止心理痛苦的尝试被再度使用，但是它们可能无法再奏效。心理痛苦是否可以缓解能够根据当前呈现的问题恰当使用理论清晰地加以定义。

应对与防御之间的动态平衡

如上所述，"与过去和未来的时间框架相关的心理痛苦"及"对当前感知到的客体相关的恐惧"之间存在一些明确的基本区别。防御会预先防止可能的心理痛苦，并激发保护机制。然而，错误的信念也会产生真实的焦虑；因此，当不存在真实风险而只存在风险发生的可能性时，错误的警报就可能产生。此时，个体采用的防御措施可能不是针对任何目前实际存在或在感受上存在的东西。因此，需要通过跨时间的元表征来把握防御，但防御并不是积极的应对方式。当一个非真实事件与一种处于联想、关系或暗示中且有意义的威胁感相关联时，防御就会发生。应对是指人们利用个人资源来处理强烈的负面情绪，即使心理痛苦没有得到消除或实质性的减少。应对的一种方式是知道自己足够强大，能够渡过心理痛苦的难关。事实上，神经症和精神病的表现十分明显，因为防御所抵挡的主要是可能发生的事情（而不是知觉上存在的事物）。

作为一种错误表征，情绪失调的结果确实令人困惑。在最坏的情况下，它可能意味着生与死的区别。

综上所述，以依恋的方式解释心理世界的原创著作认为，推理有助于理解对动机的共情，以及对他人可获得性的估计。控制系统的指导思想涉及内稳态（即内在工作模型）、情绪调节的自我反思习惯，以及缺乏这些内容的情况。需要强调的是，内在工作模型的控制设置（即默认的依恋）会因四种方式陷入困境或被过度使用。在这种情况下，采用不同的行为会产生更好的结果。然而，人们保护自己不受影响的理由不同，避免的事情也不同，因为他们的依恋目标不同。每一种依恋过程都有不同的设定，这取决于人们如何寻求某种心理接触而阻止另一些接触。另外，由于这些过程源于生物 – 社会 – 心理因素，而关系和压力都可能产生生物学后果，那么从生物 – 社会 – 心理的角度来说，它们都涉及人的生理性和主体间影响。这并不是说依恋是不可改变的，但是在某些情况下，这种现象可能会逐渐推广到人一生的各个阶段。如果损伤发生在婴儿期，个体神经和生理上的损伤十分严重，那么改变可能很难实现。

　　了解第一次出现心理痛苦之后如何做出选择，我们就能够明白聪明且受过教育的理性人如何做出防御性决策。此前，显性选择涉及关于风险和回报的激励性决策，一旦这些决策被重复，就会成为一系列自动行为，而在执行过程中，它们的起源和历史就无法被了解了。由于前反思性理解、信念和情绪的核心作用形成了回避，防御会理性地推开令人害怕的东西，实现虚假的解脱。这些都成为关系性自我的一部分，个体如果对之过度使用，那么会在整个人生中积累起越来越复杂的问题。下面将介绍一个成年后防御的案例。

　　在成年人的生活中，有时焦虑问题并没有真正的先兆。让我们来看一个案例。幽闭恐惧症是个体恐惧被他人围困或恐惧身体被束缚而产生的一种焦虑。然而，经过仔细询问，我们可以发现，许多幽闭恐惧症患者从未有过身体被困住的真实体验。实际发生的情况是，这个人对被围困的警惕性很高，以至于焦虑的感受与被围困的可能性和被围困的情况可能多糟糕有关，但他可能并没有被困住且无法行动的真实体验。因此，防御包括安全行为、心理行动和回避等类型。在幽闭恐惧症中，个体当前的回避仅仅是针对可能被困住和可能无法行动。个体自我想象中预设性的灾难和无法行动的可能性是一系列回避的源头，且这些回避行为使其生活方式变得狭窄，履行日常功能变得更加困难。即使可能性很小，但只要幽闭恐惧症患者感到可能被围困或被困，都会成为他们过度关注和错误归因的源头。在过度关注负面评价的情况下，人们会因担心和焦虑预期而失去平衡，焦虑的生理状态成为影响他对自己和自己情绪进行评价的一个因素。这种消极的关注突出了自我解释的不足，使以前假定拥有的自动能力成为维持焦虑和反思的焦点（它们维持着问题功能），而不是维持反思、推翻和自动矫正的能力。

勇敢地走向康复之路需要个体在短期和长期内做到延迟满足和应对心理痛苦，在无法得到急切想要的东西时，个体需要耐心地运用技巧。有一些常见的有价值的结果可供选择。例如，如果个体选择了自我负责的行为，那么其行为就更容易与其价值观相一致，这是其真实人格和良好自尊的体现。努力工作和忍受痛苦需要个体在没有直接的正强化的情况下重视自己和自己的能力，运用理性解决问题，而非放任自己无止境地感受痛苦。最基本的过程是利用意识、反思和问题解释并采取行动解决或尽量减少任何引发心理痛苦（可以理解为对香烟和苏格兰威士忌的需求）的诱因。在个体感到心情放松，并能通过对心理痛苦的认识来阻止并减少其发生的时候，就能对心理痛苦进行最好的合理化。关于心理痛苦的一个重要信息就是我们需要用正确的方式来应对它。

未来的应对就是奖赏。情感和社会智力表现在能够以激励来访者的方式思考问题，促使他们向往最符合自己利益的东西。通常，人们会以缩小生活空间的方式，明显地选择一些非理性的动机来支持自我伤害、自我治疗和对确定性和安全性的过度渴望。自我伤害确实能带来短期缓解，酗酒、吸毒、暴饮暴食也是如此。但是这些选择是不合理的，因为它们会造成短期和长期的伤害。治愈是通过自我对其意义、个人潜力和社会环境的理解来实现的。在他人的帮助下，自我可以更加积极地照料他人和自己。意识含义的改变（从心理痛苦到改善和接纳心理痛苦）需要改变自我与非自我过程和生物驱力之间的平衡。关键是要明白，人类并不完全是理性的生物，在其受到任何形式的压力时，个体很容易因为情绪的原因而做出非理性的事情。根据以上阐述，一种更广泛的理解是，痛苦的个体失去了将情绪合理化、共情及准确地解释自己的能力，因此，很可能不会呈现出个体可以达到的最初、最好的表现。

我们在所处家庭和文化中成长时，就可以学会一些常识性的方法，即什么是针对特定客体的充分、灵活且足够好的应对和防御方式。这是因为，连贯的认同感会在各种感觉的表现形式中出现，其目的是能够识别自己和他人之间的互动事件和互动过程是安全的，并且能够与不充分、不连贯、不安全的亲密形式进行元表征比较。各种表现需要进行比较性分析，确定如何识别每一种形式。由于人类具有复杂的内在本性，因此治疗师有必要对来访者的需求持开放的态度，并提供适合其性别、年龄和文化的治疗。如果治疗计划和干预措施是根据个体的内在心理地图量身定制的，那么个体就更有可能有效地调动能力、实现应对，并作为家庭、宗教和文化的一部分来适应具体生活。在评估或每次会谈结束时，特别是在前几次会谈结束时，治疗师有必要回顾与来访者的会谈，这可以增加双方对来访者心理状态的认识，帮助治疗师调整所采取的方法。能够找到来访者的视角，了解来访者在每次会谈中的感受，是治疗师根据其能力、准备程度和一般需求有针对性地提供治疗的另一个重要部分。其余的部分则是对意识及如何利用意识来促进自我安抚和情绪调节的具体方法进行评论。

意识与开放性

继丹尼尔·戈尔曼（Daniel Goleman）和乔·卡巴金（Jon Kabat-Zinn）之后，我们得以了解，在运用情商和社交智商的时候，自我意识需要经历三个步骤。同样，保罗·吉尔伯特（Paul Gilbert）使用神经学模型，结合有关宗教的慈悲思想，创造了一种理解生物驱力影响的方法，即通过展现慈悲及增加对自我和他人的仁慈和理解来处理感受到的威胁。之所以提供这些，是因为心理痛苦是一种张力，需要通过自我安抚来释放并在他人需要时提供慰藉。这三个最基本的步骤如下。

第一步，个体对当前情绪的意识和接纳是指其允许自我去感受，而非选择通过其他方法来防御自己不想要的感受，防御只能妨碍完整的情绪表征。个体允许自我进一步表达心理痛苦，信任他人，期待他人会有所帮助，这些可以为最基本的情绪意识提供补充。（另一个问题是，由于潜意识的过程，或者说由于个体害怕或预设自我会情绪失控，被情绪所伤害，因而无法感受到自己的情绪。）个体感受到的东西必须由自我来命名和指定。但人们可能因为同一个客体既感受到想念又感受到心理痛苦，从而产生完全不同的感受，此时潜意识就会说话。如果个体能够理解心理痛苦，那么他就会注意到，与问题的严重程度相比，情绪反应要大得多。

第二步，积极解决问题是调节自我心理痛苦的一种方法，而不是对有问题的情况不做反应，或者做出的反应会产生消极后果。

第三步，个体寻求他人的照料或其他有效的应对方式，可以调动自己内心的资源，感到被爱和被照料。过去形成的经验（能够相信自己拥有足够的能力，能够满足对自己的大部分要求）也有助于自我安抚和减轻心理痛苦。

不管目前的困难是什么原因造成的，自我都需要对自己负责，重新思考自己目前的心理痛苦和信念，给自己一些新的选择。一个新的探索是理解意识如何过滤与其偏见相反的证据。我们需要从功能论或目的论的角度探讨重复性的问题，从而从理论角度理解个体以这种或那种方式行事的动机。本书在这里引用了"动态"与"平衡"这两个词的具体含义。这意味着，内稳态具有跨时间的导向。因为引出人们注意的是，如何解释（与所使用信念的整体情况相关的）心理动力学的"推"和"拉"所产生的动机及其后果。因此，心理动力学的考虑因素代表了当前的实际情况和纯粹的可能性。例如，清楚地知道哪些情绪产生于某些依恋过程及其在什么情况下产生的。在对所涉及的过程进行解释时，先在口头或书面上定义依恋问题，然后再研究依恋关系是否存在不同。心理动力学动机是指处理心理痛苦的情绪和习惯，这些情绪和习惯是指因各种原因而产生的感受意义，用以鼓励行动。吸引和激励来访者主动开始改变，就是增加其自我照料，提高其管理心理痛苦、关心他人、建立联结的能力。理论和临床推理证明，心理社会的实践技能与提供和接受照料的生活体验相关。心理帮助需要对个体面对困难时拥有的希望、动力及其可得到的鼓励进行评估。在这些方面，信仰被视为克服持续的自我感、他人感、威胁感的重要议题。其余部分则记录了自我与自我意识之间的关系变化，以及如何改善情绪调节。

自我具有矫正自己的责任

自我能够通过了解自己独特的个人历史来恢复幸福感。因此，可能的可逆原因包括与他人的联结（例如，即使处于愤怒的状态下依然不做出怀有敌意的或冷酷无情的选择，也不做出破坏性的选择）、不伤害自我和他人的选择，以及自我关注焦点的选择（不是过度关注厌食、忧虑、羞耻、反刍思维或一些阻碍平衡恢复的思想和感受）。

通过学习和理解依恋寻找应对的办法，从而获得后天习得的安全感（earned security）。后天习得的安全感是描述那些从非最佳型和无组织型依恋中恢复过来的人。后天可以习得的安全感表明，在人的一生中，安全型依恋过程的相对比例是有可能提高的。良好的心理健康是指个体能够通过沟通和其他方式自动实现自我修正，采取许多小步骤来预防心理痛苦，从而使自我与自己和他人的需求保持和谐的关系。当这种情况发生时，情商与社交智商就会表现出来。在生活方式中表现出心理感受性的人会与他人分享利益。下面是来访者如何在心理痛苦、防御与危机之间游走的人生模式。

遵循控制系统的思想，依恋就会呈现以下五个特征。

第一，情绪、功能和感受价值的第一个稳定状态是情绪平衡，这是一种以自我和他人之间的积极性为特征的功能最佳的稳定状态。对应对能力的挑战可得到积极的满足。处于安全型依恋过程的人在感到心理痛苦时会快速做出调整，进行应对。

第二，至于有害的一面，存在心理痛苦是一种失去平衡、情绪崩溃和失控的状态，包括对各种情况及解释其意义方面的焦虑和自我怀疑。

第三，应对是个体通过各种各样的方法（包括成功地从痛苦中恢复）来反馈心理痛苦和可能带来平衡的因素之间的差异，包括利用内部和外部资源解决问题。然而，如果应对和恢复没有发生，那么会出现另外两种状态。

第四，如果个体未能有效应对，而且其心理痛苦依旧存在，那么起作用的就是其无效防御，其使用的是不准确的负面反馈（或者使用了正面反馈，使心理痛苦更加严重）。然而，经验法则表明，通常个体所采用的防御并不能缓解其心理痛苦。

第五，如果个体过度使用无效防御，就会发生危机。如果没有进一步的干预，个体就无法恢复更高质量的运行状态。

用一个陈旧的术语来说，精神崩溃实际上是指在很长一段时间内个体在疲惫不堪、情绪低落、情绪失控的情况下所产生的耗竭状态。许多抑郁障碍的发作都是在个体经历了一段焦虑期之后发生的，因此这类抑郁障碍可以理解为个体的情绪衰竭。抑郁也可能是丧失的一种表现，丧失的是一些有价值的渴望，而这些渴望的背后是原本可以获得或可能获得的东西。无论是哪种情况，经过一段较长时间的心理痛苦后，人们可能会无法履行自己的职责。这是一种功能上的危机，治疗师可以通过矫正促进人们恢复到更放松的应对状态。如果个体的一生中反复出现危机，这些影响会在其人格功能中累积，因为与他人联结的问题及应对不可避免的压力和变化的问题都是个人问题。

下文将对玛莎·莱恩汉（Marsha Linehan）提出的辩证行为疗法（Dialectical Behaviour Therapy，DBT）中理论和实践之间的联系加以评述。她用行为疗法的学习观建立了心理痛苦的自我安抚模型。之所以引用辩证行为疗法，是因为它形成了一种典型的情况，在这种情况下，我们很容易看到治疗和应对心理痛苦的过程是如何运作的。简言之，辩证行为疗法可以使一般情况变得更加清晰。美好生活就是能够处理好自己和他人的心理痛苦。辩证行为疗法采用负反馈来减少而不是增加心理痛苦。以恒温器为例，负反馈是指集中供暖系统在所需的设置下成功运行的情况。

辩证行为疗法对于神经质人格因素的处理

辩证行为疗法最初是一种针对边缘型人格障碍的治疗方法。边缘型人格障碍是指个体会因为微小的烦恼而产生过度的心理痛苦。这类个体可能会以自我伤害来安抚自己的痛苦。随着辩证行为疗法的不断发展，其应用已经拓展到其他类型问题的解决之中。在这些问题中，心理痛苦和（导致心理痛苦的）无效应对方法仍然有增无减。辩证行为疗法已经不仅仅是帮助人们自行完成情绪调节，而且有助于人格完善和其他心理综合征的治愈。因此，辩证行为疗法是一种治疗情绪失控的有效方法。在这种情况下，人们会出现强烈且持续的心理痛苦（无效防御会导致个体失控，其危机也会越来越频繁，所以，个体会因情绪衰竭而无法履行正常功能）。在接受治疗之前，个体可能会出现强烈的心理痛苦，却找不到应对、自我安抚、解决问题或向他人求助的方式。情绪失调、高神经质和精神质都是个体对特定客体过度敏感加上个体缺乏自我安抚能力（人格中一个必要的长期方面）而导致的结果。与上述安全型依恋者的能力相比，他们明显缺乏自我理解与自我安抚的能力。安全型依恋过程的人在进行自我安抚时，有可能会在心理痛苦的管理和恢复应对上下功夫。辩证行为疗法以高度务实和教导的方式帮助个体实现积极应对，并培养其对心理痛苦的基本承受能力。

辩证行为疗法是一种结构性的治疗方法，在来访者对治疗原则表示知情同意后开展。这意味着，它在关系过程中具有指导性，并且能够明确解决频繁企图自杀、自伤、自残的问题，以及心理痛苦的极端防御形式。其中一个重点就是在个体的情绪被触发后打破具有情绪意义、冲动或动机的联想链，否则被触发的情绪会持续很久，导致自我持续的高心理痛苦。治疗的重点是关注并降低风险，从心理痛苦时的杀人和自杀倾向开始，随后关注自杀和自残的潜在动机。它所治疗的问题的三个关键点是：当人们长期处于情绪失控的状态，没有找到应对自身感受的方法时；防御无效时；危机频发时。

简而言之，边缘型人格障碍患者之所以会发作，部分原因是其遗传的生物气质，即敏感、容易感受到心理痛苦。另外，也可能是养育或教育和社会化的重大失败致使青少年和年轻人产生了不安全感、羞耻感或自卑感。他们可能会出现述情障碍（alexithymia）——无法感受和意识到情绪，无法通过讨论情绪在关系中表达和协调情绪。结果就是罹患边缘型人格障碍的人不知道如何向自己或他人表达自己的感受，这不是因为无法接近对方，而是因为他们难以理解和表达自己的情绪和感受，从而展现自己并获得反馈。

　　神经人格构成的另一个方面可能是，原生家庭未能培养个体在自我安抚、讨论和协调情绪方面的能力。成年来访者可能在充满批评的环境中长大，还可能遭受了家庭的言语暴力和身体暴力。在这些家庭中，儿童不被允许有自己的感受，他们正当的抗议呼声被轻蔑地驳回："你居然还提要求，不觉得丢脸吗？"这种养育会让个体形成一种内在批评，一种在人际关系中体会到对自我批判的倾向，并产生一种以严厉的批判对待自己的方式，即惩罚自己、给予自己不公平的对待。有时，他们会听到一种内在的声音，这种声音基本与父母批评自己的声音完全相同，或者这种内在的声音重复着无益的家庭格言。这样，年轻人被告知他们应该有什么样的感受和表现，从而让他们形成认同。

　　当成年人感受好像有人正在盯着自己看并且受到了他人的严厉评价时，内在批评者的其他体验就会出现。最初的批评意识来自他人真实的关注、观察和严厉的评价。在最初的批评停止之后的几十年里，这种感受已经被普遍化并且加以扩展。与内化的自我批评意识相关的最后一种现象，是个体由于自我的行为无法达到内在的行为标准而产生的焦虑和威胁感。这是一种对自我的妄想性焦虑现象，与对批评的共情性预期有关。因此，在预料的批评的推动下，个体会产生自我怀疑、不必要的自我限制和不正确的信念。

　　要想学会调节心理痛苦，重新实现心理平衡，我们有必要提示自己采取修复性行动。从心理痛苦中恢复的另一个方面就是在必要的时候寻求他人的帮助、关心和理解。个体应该扭转所有不愿用言语表达自己情绪的倾向，这样，他们就可以提高自己的情商，能够说出负面情绪并与他人商讨，丰富自己的社交技巧。边缘型人格障碍的主要问题包括以下三点。

1. 对能够产生巨大负面影响和负面状态的心理痛苦与无效防御过度敏感，因此造成危机频发。在某些情况下，负面影响完全是由个体的个人解释和暗示所产生的，而不是对于已发生事件的可记录事实所造成的。

2. 个体在心理痛苦时缺乏自我安抚的方法，导致其长期感到焦虑和羞愧，始终处于心理痛苦的状态，防御无效，危机可能频繁发生。

3. 来访者所尝试的解决方案要么不奏效，要么成本高，而且会产生意想不到的负面后果。无效的防御状态表明其功能失调，且无效防御可能会成为其人格的一部分，并引发危机，如频繁自残、短暂的精神错乱、多次企图自杀等。

根据行为学习理论的原理，我们可以用图表的形式来表示上述问题。目前，可以确定的原因是心理动机。从经验上来看，这意味着，感到焦虑和心理痛苦时，个体对他人观点产生共情的能力会受到影响。这表明，有多方面的因素会导致心理痛苦，因为心率的增加可能与非共情性地拒绝承认他人观点有关。这也许可以解释为什么长期关系中的一些问题仍然没有得到解决，也可以解释为什么争吵中的夫妇会拒绝认可对方的观点。当涉及对微小变化或影响的极端敏感时，图 5.1 按时间顺序记录了一些意向性的影响。

用消极的核心信念及"理解和情绪的习惯"来解释触发事件
↓
程度强烈而持久的心理痛苦
↓
通过运用激烈、无效的解决方案，那些短期解决方案、受限制的生活方式、
难以自我安抚及失衡的心理痛苦在无效防御的作用下得以维持
↓
心理痛苦暂时得以缓解，而这种心理痛苦的缓解对个体构成一种奖励，从而消极地强化了问题，
这就是个体所用的防御方法无效的原因
↓
对自我进行负面解读，认为其是令人羞耻的，如"我没有控制力""我的生活一团糟"
"我一无是处"等

图 5.1　边缘型人格障碍中情绪失调的具体事例

当出现心理痛苦、无效防御及危机时，如果心理痛苦强烈而持久，那么为了让自己平静下来，人们可能会酗酒和自残。虽然这些防御措施快速有效，但对自我和他人来说，这些措施具有负面的意义，因为他们自身也是他人的客体。一旦这些情况被知晓，社会环境往往会对自残和频繁自杀的人做出严厉的回应，因此他们即将面对的不是公众和家人的理解、同情和安慰，而是批评。因此，这些试图解决心理痛苦的方式反倒可能会加剧其痛苦，降低其自尊，增加其羞耻感，进一步使其自我与他人分离。如果个体长期处于较高的心理痛苦之中，那么在其心理痛苦时，其情绪和功能可能受损，因此其可能无法妥善处理任何琐碎的问题、挫折或烦恼。在事件发生的 24 小时内，可以在那些精疲力竭、功能受损程度接近多重危机的人身上观察到以下几种模式（见图 5.2）。

个体的心理痛苦被唤醒，其借以抚慰心理痛苦的防御是无效的

↓

个体感到太过痛苦，所以无法对自己产生共情并对情绪进行合理化，
无法采取功能性的问题解决方法。防御无效

↓

采用激烈的方法入睡。防御无效

↓

因为白天强烈的情绪仍有存留，而且睡眠中这些情绪无法得到处理，
所以睡眠不好。防御无效

图 5.2　对 24 小时内心理痛苦和无效防御的概念化

辩证行为疗法将这些问题解释为无法正常运行的情绪控制系统的一部分，其治疗方向是教个体学会如何承受心理痛苦和不确定性，并提出解决问题的方法，以改变个体对心理痛苦过度敏感的习惯。例如，辩证行为疗法的干预方式如下：教会来访者如何进行自我安抚，了解如何关注自己的需求，以摆脱无法应对问题、无法重新实现平衡的无效防御，并在准确了解原因的基础上做出必要的改变，从而达到自我安抚的目的。

为了减少或接受痛苦，增加替代性的行为和应对方式，减少无效防御的发生，个体有必要识别和减少对功能失调解决方案的使用。一种方法是治疗师与

来访者分析来访者的一系列思想和情感，尝试帮助来访者管理心理痛苦，以了解是什么导致了其有问题的功能失调行为，最终引发其自残或自杀行为。例如，治疗师与来访者订立契约，以便为来防者创造风险较小的情感表达形式，这就比来访者强烈的逃避欲望更好。治疗有助于寻找无法忍受的情绪及其可能造成的后果，否则这些后果可能会促使人们使用无益的防御手段。

对诸如触发事件之类的突发事件的管理、与社会和物理环境的意义联结、习惯等均会降低个体使用防御的频率。在行为疗法中使用暴露程序（exposure programme）是因为我们发现，在让来访者体验越来越频繁的心理痛苦的过程中，随着心理痛苦的反复出现，如果来访者停留在该状态的时间足够长，其感受到的心理痛苦程度会下降而非增加。通过增加积极应对和再平衡的时间，治疗可以提高个体对心理痛苦的应对和承受能力。

作为回应，辩证行为疗法教人如何对自己的情绪、需求、信念和立场进行自我肯定，以及如何保护和增强自尊。例如，对存在的事物及其感受的有意接纳称作"根本接纳"（radical acceptance），它可以增强个体回归平衡的能力。

辩证行为疗法的另一个目的是强化个体的积极意图和技能使用。一种策略是减少惩罚成本，增加应对措施。这应该可以缓解心理痛苦，减少无效防御。例如，总体而言，这个过程就是对虚弱症（asthenia），即心理力量不足的治疗过程进行心理方面的经济管理，正如皮埃尔·让内首先使用的比喻那样，最大限度地降低心理成本，增加心理收入，消除心理负债。

如果自我知道如何与他人建立联结并能在照顾他人的需求的同时照顾自己的需求，那么个体就能够承受心理痛苦、增加适应性应对措施。辩证行为疗法就是一种与其核心作用相关的模式。例如，在考虑明天和未来几天的事情时，人们想到的是如何在工作、家庭、陪伴儿童和伴侣的同时，锻炼身体、进行社交。个体需要满足娱乐、休息、放松的短期需求，以及对一天中以工作为主的需求进行限制，相对而言，也要尽量满足中长期的需求。不管当前的事件压力有多大，每个人都有获得关注、享受轻松感的权利。追求快乐和满足既是乐观的，也是现实的。辩证行为疗法的治疗师能够发现来访者改变的阻力，努力提高其参加会谈的积极性，让心理痛苦程度高的来访者参与治疗，积极学习如何应对心理痛苦和自我伤害，尽管他们最初并不愿意继续治疗。

结束讨论

影响依恋的概念与一系列相关的观念密切相关，如自我及其在被动、非自我的意向过程中所做的选择，因为在依恋环境中，控制的意义涉及自我对精确的共情、情绪及对其所处困境的感知理解的理解与回应。心理痛苦的一个方面就是当它爆发并进入意识之后，自我受到冲击，不得不应对、回应构成情感和情绪的那部分意识。自我可能根本无法立即做出应对。矫正行动的理论类似于人们在旅行前需要做出的决定。至少，你需要知道目的地是哪里，并为此做好充足的准备，留出足够的时间。最好能够制定一份详细的行程单，列出到达目的地的所有路线。在这方面，心理痛苦的恢复与其他行动计划一样。因为治疗因人而异，所以不可能标准化，而且它所解决的问题也不可能千篇一律。人们对当代疗法的看法各不相同，疗法的官方名称界定了实践的方式。然而，随着人们对细节的关注度越来越高，人们对于实践的个人喜好也十分多样。另外，治疗方式的激增也引发了职业中自我认识的问题。治疗师处理的是社会的私密面——禁忌、别处不能说的话、可耻的事及心理痛苦，他们致力于示范慈悲并通过寻找有意义的生活方式来提供治愈的力量和可能。对治疗师而言，受所听话题的毒害是一种职业危害。这类工作的压力是不可避免的。然而，他们的工作也有积极的一面，那就是知道治疗过程是有效的，而且有可能给那些几十年来始终深陷于耻辱、不招人喜欢和废物感之中的人带去自由与新生。

结论

明确治疗目标的一种方法就是确定它所追求的美好生活。在治疗和心理保健中，对安全型依恋过程的人来说，人格功能表现为寻求安全基地，这意味着来访者与治疗师有必要开展合作，就需要讨论的内容达成一致，这样可以帮助双方共同推进治疗过程。本章的两个研究问题是：进行自我修正的可能性条件是什么？无法自我修正的可能性条件是什么？潜意识的结构（在自我的选择和努力之外，自然发生的事情）是由无特色的那部分自我创造的，这部分自我在自我的直接行动之外进行判断和评价。本章主要论证了需要重视矫正心理痛苦的影响及其在实现美好生活中发挥的作用。

第六章　实现再平衡

本章扩展了关于平衡的阐述，提供了一种统一的理解心理痛苦恢复的方式，即通过自我本身的情绪调节及与他人的联结实现再平衡。每一段人生都可能会经历心理痛苦、疾病、不幸和纯粹的厄运，也包括自我可以对其周围群体负责的结果。健康的情绪生活与心理痛苦并存。在采取矫正行动的时候，情商就会表现出来。下文从遵循控制系统理论的精神病理学和健康理论开始，从情绪失控、功能不良、理解和选择理性（可以恢复良好心理健康）的能力不佳等日益严重的问题出发来理解无效防御。

平衡与失衡的循环

通过识别重复出现的失控与恢复过程，我们可以对安全型依恋中发挥作用的关键过程进行概念化。本节通过观察对过度情绪敏感和冲动行为的治疗，介绍一种理解心理弹性（resilience）和情绪失调的方法。过度情绪敏感和冲动行为可能会导致自我无法应对，而且如果不采取矫正措施，那么这种情绪会累积。因为这些都是重复出现的失控循环，我们需要对循环的每个阶段进行比较（见图 6.1）。我们所提出的模型指出，五种状态涉及充分应对紧张性刺激的各种选择，回到放松的心理平衡的状态。下文定义的前三种状态发生在对压力做出反应的安全型自我安抚过程的功能中，从最初的平衡状态，到心理痛苦，到修复性应对（积极应对）和恢复，再回到平衡状态。这就是美好的生活。心理痛苦不可避免，而通过自己的努力或寻求他人的帮助回到最初的状态是一种有效的应对方式。

　　总体而言，积极使用意识的一个例子是疗愈负面反馈，方法是通过寻求帮助来理解心理痛苦和进行自我照料；或者通过自我咨询拓展个人资源，了解如何前进、自我安抚和解决问题。个体的应对由此开始，从而再次达到平衡。

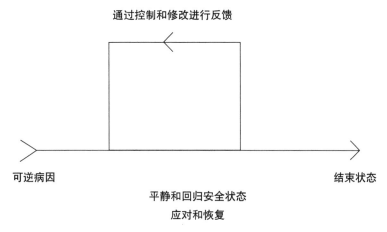

图 6.1　安全型依恋过程和应对中情绪调节反应的类型

　　第一种稳定状态是一种不需要矫正的平衡情绪，是一种最佳的运作状态，其特征是自尊的积极自我建构和与他人的适当接触。应对能力受到的挑战得到了积极的反馈。处于安全型依恋过程的人在心理痛苦时可以快速调整，集中精力进行自我监控和应对。

　　第二种状态是心理痛苦。心理痛苦关乎失衡、情绪被绑架及情绪失控的状态，这些状态以不同方式存在，包括针对各种情况的焦虑和自我怀疑及其意义解释。

　　第三种状态是积极应对。积极应对使用负反馈来缩小差距，通过各种方式准确理解心理痛苦的元表征模型与应对痛苦的元表征模型之间的差异。这些应对包括解决问题、发现和利用内在资源，以及与外部资源建立联结等。参考的内容包括信念、价值观、行为、对以往应对和恢复体验的记忆，包括寻求他人的帮助和接纳心理痛苦。

然而，如果应对和恢复没有发生，就会出现另外两种状态，即第四种和第五种状态。

在第四种状态下，如果个体采用无效的负反馈或导致心理痛苦恶化的正反馈，那么这样的防御是无效的。如果个体采用的防御无法缓解心理痛苦，那么它就会继续存在并加剧对其日常功能的损伤。

在第五种状态下，如果个体的防御无效并且存在的时间过长，个体就会出现危机，且其防御再无法发挥作用，其情绪和体力衰竭，神经衰弱，表现为焦虑、抑郁，且在工作和家庭中的功能受损。

以上定义的五种状态构成了一个动态平衡。如果平衡状态、心理痛苦和积极应对之间的运动是唯一的参数，那么美好生活就能够实现。如果心理痛苦是短暂的，且应对能够有效地恢复平衡体验，那么良好的心理健康就显而易见。因为平衡中断和心理痛苦不可避免，所以美好生活就需要应对心理痛苦、情绪失控、暂时性功能不良。实现这一目标的方法是运用个人资源和寻求他人资源，无论在家庭中还是在社会中。安全型情绪调节在其中是显而易见的。

平衡和心理痛苦之间的运动意味着存在间歇性的良好运转，偶尔会出现不安。当个体的心理痛苦持续时间过长时，其有缺陷的无效防御就会产生情绪失控的前期积累，这有可能导致其工作和家庭角色完全受损。无效防御和危机都呈现出功能失调，因为修复性应对还未开始。

如果危机重复出现，恢复平衡的道路就会变得更漫长。例如，如果个体曾遭受多重创伤（如因遭受强奸而导致个体将酗酒和吸毒作为一种过度防御的应对方法，从而导致其无法就业及需要接受戒毒治疗的非预期后果），那么个体在生命中可能需要用好几年的时间来努力恢复平衡，对抗因遭受强奸和运用无效防御造成的后果。

如果个体无法快速恢复，那么从心理痛苦到无效防御，再到失衡的防御方案，以及从失衡和高度防御到危机都有可能对其造成伤害。以上过程是通过防御的方式让恢复积极应对、重新实现平衡和复原的过程减缓。心理痛苦的意义在于潜意识地邀请自我去减少心理痛苦并解决问题。心理痛苦是重要的信息，不应被压抑和防御抹去，而应适当地加以应对。如果现实世界没有发生变化，那么单靠药物治疗永远不会有效果。

下文对有关被称为神经质和精神质的脆弱性的共识进行阐述，它们可能被误认为是人格固有的一面。本章的其余部分将讨论如何找到能够支持恢复的矫正性体验。

个性弱点和心理痛苦倾向

我们可以根据"五因素"人格理论，介绍神经质人格，其情绪意识对自我造成长期心理痛苦。这五种因素的缩写是"OCEAN"（海洋），即开放性（Openness）、尽责性（Conscientiousness）、外倾性（Extroversion）、宜人性（Agreeableness）和神经质（Neuroticism）。为了与主流人格理论相联系，神经质人格的六个决定性方面如下。

1. 在个体感受到的或表达出的具有各种强度和持久性的前反思性情绪与实际威胁不相称时，这就是神经质的。情绪失调一般包括表演性、焦虑、厌恶和各种消极情绪。根据元表征模型，我们可以根据以什么样的方式理解什么样的证据来解释情绪。这种思想适用于支持神经质和精神质防御的情绪评估。

2. 其他强烈而持久的情绪可能是一种愤怒的情绪，原因可能是个体总在监控公平和正义，并在事实并不缺乏公平和正义的情况下，解释为缺乏这些因素。

3. 抑郁、内疚或孤独的感受——甚至可能是在最近未经历丧失、过错的情况下，或者在他人充满爱的社会背景中产生这种感受——都表明一个人心理痛苦的程度，以及这种情况对其在各种角色和背景下的能力的损害。

4. 高水平的消极自我意识是与害羞和社交焦虑有关的因素，其敏感度会产生一种潜在的尴尬、羞愧、羞辱、被拒绝和被嘲笑的感受。若这种情绪充斥着自我，就会促使人们形成笨拙、冷漠、不和谐的社会接触。自我意识中存在的问题倾向于建构不准确的物化的自我意识，其类型有很多。神经质中自我意识的核心是相信自己受到损害且存在不足，但事实并非如此。然而，焦虑和自我指向的愤怒却可以被认为是自我不足的证据。

5. 如果自我被强烈的情绪所动摇，那么可能会只为得到短期满足感而行动：冲动、极端或过度专注于防御性地使用快乐会对心理痛苦起到无益的保护作用，却未能预见重复的短期行为所带来的长期后果。如果个体采取某些行动和情绪处理问题，虽然会带来短暂的好处，但从长期来看它们构成回避，那么这些就是防御性的。

6. 从对上述五个因素敏感这个意义上来说，脆弱性意味着控制系统并没有用心理痛苦的证据来展示自我如何平衡自己。

人格是指生活方式的具体细节。如果过去始终会在现在盘旋，那么会出现创伤诱发的精神质。因为伤害非常强大，所以创伤会附加在日常的感知现实上。对攻击过度警觉的积极作用是让自我意识到未来可能再次受到攻击，但重复的警惕会使人们就无威胁的社会现实建立起错误的认识框架。社交回避、复杂的创伤后应激障碍、攻击后的偏执、忧虑、创伤所产生的精神病等都有一个共同的信念，那就是风险迫在眉睫，需要采取激烈的手段来避免灾难。根据所处的社会情境，他们实际上可能是完全安全的，但又不信任自己是安全的。如果这种脆弱性被正确理解，那么脆弱性是可以改变的。

回应具有的问题形式涉及以下几种情况：从平衡状态开始，可能会出现间歇性的良好运作，这意味着在平衡和心理痛苦之间有一个循环，其应对方式不能连续性地实现，因为心理痛苦超过再平衡能力。在很长一段时间内，这会对自我产生负面影响，以至于自我开始将世界视为一个危险的地方。自我认为自己能力不足，因为自己无法减轻心理痛苦。如果心理痛苦无法得到掌控，心理痛苦的周期就没有尽头。因此，自我反思的自我意识就会被迫接受机能不良导致的情绪失调所带来的损伤。在后一种情况下，对于世界、自我和共情于他人的感受的构成代表着受损和不安全感，而不是平衡和放松的心理健康。

但是，如果心理痛苦的发生率和强度及日常功能和职业功能受损的累积效应很高，而寻求解决的形式无效，发生过度防御或产生意想不到的负面后果，那么无效防御就会持续很长时间，恢复平衡的过程就无法实现或被推迟。如果防御无效，危机依然存在，那么心理痛苦和功能失调就会持续，从而出现自我从危机回到无效防御的情况。危机是指生活中几个领域的功能受到损害的时刻。

如果防御长期无效，危机就会成为个人发展中核心关系能力的一部分。能量被消耗在阻止自我充分展现潜能方面，从而对自我安全进行不必要的维护。这些都成为人格功能中长期存在的部分，客体化的自我意识是恶意的。在长期失衡的过程中，冲突可能会发生，因为在压力下，愤怒的倾向会增加。自我意识到一些重大的事情是错误的。当防御性解决方案和危机出现得越来越频繁时，自我会变得更加绝望，然后就会出现抑郁。自我以一种高度消极的方式不准确地根据前反思体验对自己进行解读。自我伤害、（作为一种逃避方法的）自杀及包括谋杀在内的极端行为，这些都是个体为逃避危机而采取的极端尝试。但这些尝试性的解决方案带来的胜利得不偿失，仅仅是一种代价过高的喘息，有时根本不会让个体的情况有任何缓解。

安全型情绪自我调节是恰当使用情绪觉察和反馈

安全型依恋过程的个体具有准确做出前反思性理解的能力，以及对他人和自我的共同需求做出反应的能力。从经验上来看，依恋在一定程度上是一种生物驱力，但其表现发生在儿童对其照料者形成参与性意义建构的背景下。事实上，对任何时代或文化来说，安全的核心定义都是，表现出安全型依恋过程的个体是能够探索并回到其依恋客体身边的。对成年人来说，安全型依恋过程的人是那些能够将这种体验传递给他人的人，他们的自我调节能力既体现在情绪上，也体现在观念上；既是外在的，也是内在的。安全型依恋的生活方式让个体对亲密他人和陌生人做出响应并与之进行分享，在日常生活中，我们称之为合作共赢，这是协商和协作的结果。因此，个人的和共同的价值观、长期目标和短期目标的偏好得以实现，相互满足得以达成。例如，沃特斯、罗德里格斯（Rodrigues）和里奇韦（Ridgeway）发现，安全感强的儿童用言语表达更连贯，能够自我安抚，容易表现得成熟，在需要时能够寻求亲密关系和支持，并善于解决问题。这些良好的习惯有助于儿童成年后获得幸福感。

安全型依恋过程的人更愿意与他人交谈，以获得更全面的观点。安全型依恋过程的人在言语表达和非言语身体表达之间呈现出一致性。个体的自我反思性解释十分重要，因为这种复合行为关系到自我在社会语境中如何理解和评价自我。内在工作模型包括自我如何看待与他人的关系表征，我们可以据此确定自我在这种关系中的定位。理解的关键之一是要把握人们在多大程度上觉得自己有资格呈现自己的依恋行为或对其加以抑制。情绪及其管理方式的共性在于，对充满前反思性的生活而言，个体任何时候都可以进行自我反思。然而，内在工作模型的感受会以不准确的方式被具体化和评价。另外，练习社交技巧关系到自我在与他人关系中的定位，以及其行为能否实现双赢的目的。

依恋需要实现不同类型的再平衡，因为寻求和接受照料的过程有多种方式：自我矫正的次优类型是不安全型依恋过程和无组织型依恋过程。然而实证发现，在这方面存在不相关的行动和反应类型。虽然存在安全型依恋过程的最优情况（让个体可以实现自我安抚及对情绪、功能、自尊心的自我管理），但是许多时候，处于安全型依恋过程的人都会暂时出现次优类型的不安全型依恋过程。无组织型依恋过程是一种功能失调的混乱依恋，它提供了完全不同的解决方案。这些过程可以变得习以为常，以至于成为一种反应和表达人格中关系部分的趋势。一旦这种过程定型，个体就会在一生所处的所有社会背景中对之加以运用。

在不安全型依恋过程中，来访者的需求可能无法通过会谈得到满足，因为他们在会谈时往往感到焦虑、痛苦或恐惧，因而进行防御，并按照一种不安全型依恋方式来改变他们与治疗师的关系。如果治疗师能在会谈中创造安全型依恋过程，那么双方就能实现利益共享。引导性意向是存在于儿童抚育响应中的安全基地现象，因为其中提供了熟悉的照料。当儿童得到抚慰并放松时，他们会重获信心和信任感，并再次开始探索和游戏。同样，如果来访者寻求照料的需求得到满足，那么就能够在信任和安全的氛围中充分探索自我；并以这样的方式分享他们的兴趣，这样，治疗师就能够提供进一步的照料（治疗），因为他的付出是受欢迎的。然而，焦虑型依恋过程很可能包括更多的感受，他人被视为善意和共情性的，而这样对待自我却是不值得的，且会对自我忽视，或者在自我软弱、缺乏自信时被苛求、攻击、忽视或抛弃。在焦虑型依恋过程中，自我和他人之间的相互作用有失衡的倾向。

回避型依恋过程的个体有其特有的自我和他人之间的联系。在大多数情况下，他们认为自己无法获得他人的共情（他们没有产生共情时），自我需要保护自己，避免亲密关系，或者他人要求过高，于是自我就会被排斥。如果对方在情绪上过于亲近，想给自己施加太多压力，那么自我就会感觉遭受到侵犯和迫害。当自我分裂时，安全型依恋过程和不安全型依恋过程的人不会像无组织型依恋过程与经历创伤时那样，体验到差异与不和谐。

依恋安全能够让人产生一种基本的信任感，而在对他人产生共情时形成的联结也是有益的。另外，还有一种信念，即自我从过去的应对体验中获得了资源。这些感受在个体感到压力大的时候依旧能够获得，并且可以延续到未来。

讨论

在控制系统理论中，依恋恒温器在前反射性层面上运行，但是可能被自我所控制。过去的事件形成了自我与他人相处时的自动核心倾向，从而创造了其所涉及的情绪和依恋的特质。接受过去影响的结果的主要媒介是共同生活的共情；情绪是对他人的非言语要求，要求他人对表达情绪的自我做出回应。首先，在安全型依恋过程中，情绪动机的心理动力是对寻求亲密关系的一种吸引，而且预期有益的接触是可以实现的。在不安全型依恋过程中，个体能否获得亲密接触和帮助是不确定的，所以可能需要先处理其相关威胁和心理痛苦，但是需要使用一种新的方式。控制系统看待意识和世界之间关系的方式是这样的，即每个人固有的学习世界的模式是其带至所有情境中的个体差异，人们通过这种差异来理解和应对自己所体验的事情。与他人暂时性或更持久的可得性相比，能够在心理地图中绘制出由他人的实际不可得性所造成的心理痛苦，是理解自我的能力的一部分（如因为分离而感到孤独和痛苦）。研究人员使用的理论地图必须具有足够的分辨率，从而能够捕捉亲密关系及其变化领域中常见的定性的细微差别。

照料者（治疗师）有能力了解会谈中需要注意的事情涉及管理人际关系场域中各种吸引物和排斥物之间的临界点。亲安全感是指远离失调，朝着共同调节和自我调节的方向发展，这种趋势是明确的，可以被教授和复制。这并不是说社会上的一些人不具备这些技能。如果这些技能对拥有者来说虽然是隐性的，但是它们能够在需要的时候被激发出来，那么就没有不足之处。在心理治疗中，治疗师明确指出这些技能的意义在于使假设能够得到检验，并被进一步完善和讨论。治疗师的伦理责任是在关注依恋需求时，熟练地履行自己的职责。这涉及治疗师驾驭不同情况的能力，因为这些假设可能被证实，也可能被推翻。不论是作为自我调节，还是帮助他人在治疗过程中进行自我调节，成熟的情绪调节都需要我们理解心理痛苦的强度和信号的类型是如何同时出现的。每个人都有自己独特的沟通方式；对双方可能产生的结果，也都有自己独特的应对模式。

一方面，安全型社交接触的成果是满足感和以开放的态度与他人接触并建立联结的能力。但是，如果自我基于不准确的理解而持续地对自己的能力和潜力进行评价，那么其后果可能包括开始养成一种误解的习惯，认为自己在家庭中、工作中或在特定的角色中能力欠佳。这种个体对自我的情绪可以有适当的幸福感、满足感或内疚感，或者是不适当的羞耻感、自豪感或尴尬感，以及对不良行为的惩罚；另一方面，不准确的解释造成的最坏后果可能是自残、自杀和谋杀。因为在这种情况下，自我批评的动机和与他人进行的负面比较驱动高绝望的自我，从而让自我产生难以忍受的情绪痛苦、情绪失控与持续的情绪失调。苛刻的解释表现为自杀的想法、情绪冲动和行动。在自杀的案例中，死亡的动机远远超过了情绪性推理范围内继续生活的理由。要想帮助自杀者，就需要扭转死亡是一种神圣解脱的想法，并且在其与其所关心的人之间重新建立联结。

学到的东西可以不学而知

在人的一生中，自我的客体会产生各种意义。其中一些在很早的时候就得到了具体化，并且会在没有挑战或自我批判的情况下持续存在。如果儿童周围的社会背景是安全的，并且能够响应其需要，那么可能会发生以下情况：自我习得一种隐含的信念，即自己有能力、不容易情绪失控，并且在自身内部和周围有足够的资源来应对大多数的压力。总体而言，即内在的自我是自信、镇定、能够自我安抚的，即使是在遇到不确定的新情况时也是如此，自我的反应能力、适应能力和灵活性都很强。另外，安全型依恋过程的自我知道危险逼近的警告信号，本身就有一种非自我的能力，能够自动识别威胁，这些威胁可能会影响自己和他人的需求得到满足，而且已经从先前的非最佳运作经验中获得了积极的教训。自我和被动的过程暗示了自己在实际威胁面前的应变能力，甚至在仅仅认识到真正的潜在威胁时也能够自我修正。安全型依恋过程的自我能够进行自我管理和自我照料，因为当真正的威胁出现时，自我能够运用准确的知识，从而做出适当的反应。情感和情绪之间的联结、充分的计划和功能，以及对自身及其局限性的准确理解，这些构成了一个整体。自我对自己处境的准确评估可以使自己运用矫正技能和应对能力，照顾自己和他人的需求。这就是自我如何保持在最佳的运作状态的原因（放松，对自己的能力有信心，能够在新环境中保持开放并做出众多微小的改变，能够应对不可预见的困难）。安全地处理心理痛苦是理解不安全型依恋过程和无组织型依恋过程中存在的问题并对其进行纠正的有效对照。

在最初触发后久久无法被抚慰的心理痛苦就像是威胁消失之后警铃大作的防盗警报。这种内心设定让个体对某些可能性非常敏感。如果警报器没有复位且仍然保持敏感状态，个体就会对（具有特定意义的）未来预计的可能性保持高度警惕，这会导致个体选择回避某种可能性。防御过程是泛化的，在防盗警报器没有自我重置的情况下，对威胁的误读会在第一次事件发生后的很长时间内一直延续：经过多年的多次重复，想象中可能发生的伤害就会改变生命的轨迹。因此，个体宝贵的岁月就这样流失了，因为其时光花在了否定"坏事即将再次发生的信念"上。事实上，这些事件从未发生过。因此，在没有适当证据的情况下，相信同样的意义仍然可能存在的信念就会重复出现。因此，这个问题会一直存在。

依恋中的防御是一种动态的过程，其核心是以心理上预期可以先发制人的方式防止心理痛苦。防御是整体的一部分，自我通过预防风险和羞耻引发的灾难来维持自身不准确的低自尊。在某些情况下会出现相反的情况，自尊被设定得很低，而习惯信念会阻止良好的自尊，维持其糟糕的状态。在对反馈的可控性和受控的支持性因素的抽象思考中，只有几种情况可能发生。我们需要做的是了解问题的最初构成和人们在接受治疗前努力帮助自己的方式，为理解如何帮助人们长期应对其所面临的问题做好准备。

例如，从理性的角度看，个体努力尝试走出家门以解决惊恐发作的做法是值得坚持的。而避免走上街头的决定则是种防御，其动机是避免自认为可能出现的惊恐发作。然而，当考虑到惊恐发作且患有广场恐惧症的人的所有具体情况时就会发现，在时间点一上的风险与收益的平衡，可能会变成在时间点二上的风险与收益之间的新平衡。因为在第一时间做出了过度保护自我的决定，现在出现的问题就是焦虑帮助自我处理了一个被认为是危险的情况。同样的心理痛苦激发了个体关注可能使惊恐发作的潜在恐惧的某些含义，以及街上的他人对自我的看法，这使自我远离可以重新学习如何处理在街上应对焦虑的可能性。虽然这是一种完整的感受，但这种治疗路径是在个体面对焦虑和心理痛苦时通过延缓满足感和增加自觉的自制力来达成的。个体运用理性和问题解决可以应对挫折感、情绪失控感、焦虑感和心理痛苦，做出短期和长期可预期的行为并知晓这些行为的后果，从而在深思熟虑后发现疗愈性的终点，在这些终点，出现负面后果的可能性较小。

矫正性体验

为了将问题的表述与潜在的解决方案联系起来，下面举例说明处于不安全型依恋过程中的人是如何解释现实与可能性的。在"他人会让我失望"这种不准确的信念得到支持时，个体看到正确的证据和正确的理解的可能性仍然是不足够的。在没有证据的情况下，"他人会像以前一样让我失望"的信念会反复出现，并维持对相关证据的误解。因此，在精神病理学和防御过程中起作用的精神过程的共性问题被认为是过度使用保留的有意义客体的有意义的过程，这些客体在意识和前意识层面上运作，在没有正确证据的情况下，信念和理解依然得以维持。简而言之，它们是错误的信念。解释这些过程的方法是通过其发生的证据来理解它们，并形成更准确地代表风险可能性的理解和信念。

关于人格中神经质特征的主流观点并没有抓住自我与其潜意识的被动过程之间的各种关系。控制理论解释了在"使用更强的信号来实现亲近和防止分离的动机"与"去激活和无组织的方向"两者之间的协同调节，后者采用了不太理想的防御反应形式来应对相关的长期风险。如果对自己和他人之间的关系有负反馈理解且个体情绪卷入其中时，依旧能产生安全依恋，那么他们的协同调节最有可能达到最佳状态。然而，如果由于焦虑和抑郁而感到更多的失衡，或者由于长期绝望而抑郁，并且因为缺乏活力导致"我从未快乐过""我生病了"等宽泛的感受被强化，个体就会出现另一种情绪失控的感受。这种想法通常是不真实的，因为它们没有证据的支撑。一般来说，如果治疗师和来访者都能在一天结束时怀着"他们的相互接触是一次积极而有价值的体验的想法"回到家中，人与人之间足够良好的共同调节通常就是有效的。任何在情绪上和身体上所感受到的远离放松和积极状态的情况都值得注意，因为这与如何在消极的浪潮中一路冲到终点有关。安全型依恋过程的模型表明，真正重要的是照料者与被照料者之间的联结，以及两者间的准确协调。

自我与其被动意识的关系

在对来访者的个案概念化的实践中，为了让来访者的自我可以了解疗愈是如何进行的，我们有必要以一定的方式呈现和讨论问题是如何在此时此地得以维持的，并进一步讨论问题是如何在发展的过程中逐渐积累起来的。非自我意识是一种被动构成的即时感受。如果一切顺利且情绪积极，个体就会有一种统整感和幸福感。但是，如果存在心理痛苦，自我就会感觉在其无法直接控制的地方受到了心理痛苦的攻击：自我不能关闭心理痛苦（但可以影响它）。在后一种情况下，自我偏离了中心，因为自我的意识和非自我的自动情绪远离了自我控制。因此，尽管情绪永远不可能完全、永久地处于潜意识状态中，但它们可以暂时处于意识的阈下，因为它们形成了一种边缘情绪，而不是位于注意力中心的情绪。而且，由于情绪是由不知名的意识功能构成的，因此它们是非自我的，并且与心境、社会情境、过去和未来有关，而且它们关联的方式对感受到它们的人来说并不总是显而易见的。

在自我认识内部也有问题。自我（作为自我之中的选择、意愿、决定和解释的方面）是整体的一小部分。自我更大的部分是那些通过匿名运转的意识得以表达的习惯、情绪和内隐的信念。有时，这种意识也被称为"自适应的无意识"，因为自我设定了一个方向，而被动的前反思能力则试图努力去实现这个方向。这部分匿名意识所做的工作是理解当前的客体。另外，它还具有一种惯性，当习惯性防御和偏好的意义被投射到当下的情境中时，它们会被过度使用和误用。这是对当前客体的错误表征，其后果是自我可能会失去潜在可用的真实信息。作为一套习惯和信念，这会对个体的决策和生活方式产生影响。下面将讨论抑郁障碍中的自我意识平衡是如何陷入困境的，以及如何通过更加自信的实际方法来缓解低落的情绪。

抑郁障碍的典型案例：自我与周围世界各部分之间的失衡

为了把重点放在解释心理综合征与使用这种解释来支持治疗之间的联结的具体案例上，让我们来思考一下重性抑郁障碍这种情绪综合征的案例。首先要说明的一点是，失衡状态之所以能够自我维持，仅仅是因为它在当下具有目的或功能，而不论过去选择的防御性行动是如何启动的。尽管造成抑郁的原因很多，但当丧失感经由最重要的亲密关系产生时，我们有必要了解，自我与自我意识之间的关系就像骑手和马一样：它们都是更大的整体的一部分。抑郁过程的心理学研究表明，潜意识会向自我传递丧失感。低落的情绪是一种有意义的沟通，它要求自我与其对于自身和他人之间关系的准确理解携手合作。对抗低落情绪的最简单方法是拒绝被抑郁带来的消极后果所吞噬。对抑郁的自我而言，他们需要挑战自己，不接受自己的感受，因为那个感受是想要恢复平衡，必须无休止地哀悼。这样一来，骑手就可以帮助马，而不是让抑郁的马独自行走。

对抑郁障碍患者的思考、行动、关联、选择和一般生活的最新研究支持这样一种观点，即在情绪低落的情况下，情绪推动了对于抑郁障碍具体形式的合理化解释。将抑郁看重的证据解读为回避困难、认同低落的情绪本身，在这种情况下，自我以一种非自我意识的方式开始反刍，选择丧失和疏远的痛苦记忆，并且将未来预想成一处将发生更多灾难的荒凉地。研究表明，当抑郁障碍患者以一种特定的方式理解自己、世界和未来时，情绪是其产生思维偏见的原因。研究发现，当自我允许长期的忧郁和哀伤影响自己时，抑郁就会变得无所不在。例如，有一种特殊类型的处于忧郁状态的自我认同。这种情绪性推理使自我失去了在视角之间转变的能力，失去了与经验的内在变化保持联系的日常能力。当自我将自身与自我理想状态（被用来衡量自我如何对自己做出不足和不充分的评价）相比较时，就会出现类似的情况（与先前理性化和行动能力相分离的情况类似）。在抑郁障碍中，情绪性证据被个体以一种维持和加深抑郁的方式来理解，而不是作为康复性行动的催化剂。

　　在将抑郁障碍作为一种失衡形式的案例中，情绪可以激励自我，使它产生一种维护问题的防御性推理方式。真正应该发生的是，自我能够理解自身是如何感到抑郁的，真正承认这一点，然后做一些事情来满足自身的需求，从感觉丧失中恢复过来，矫正生活方式，从而实现修复。因为处于抑郁障碍中，个体同样会出现记忆偏差，压抑对当下积极意义的接收，并在泛化的心理过程中产生问题。因此，不仅情绪综合征决定了包括功能受损在内的自我活动的形式，而且日常生活和形成的消极自我意识也存在问题，更多的问题也随之产生。抑郁障碍患者通常在采取实际行动时会受限，因为低落情绪会影响他们的功能。另外，他们的自我理解也会受到损害，因为他们会对自己做出错误的解释。抑郁障碍患者记忆问题的具体类型停留在宽泛的水平上，难以具体化。这类记忆的发展起源与早期创伤和被忽视有关，这些都可能导致成年人形成回避型依恋，进行反刍思维。抑郁作为一个有意义的整体是有意义的，因为它所提供的意义包含了对于感到似乎不可挽回的损失的一般叙述，因为自我会告诉自己：我十分清楚自己在自身和社会背景中是没有资源的。

　　尽管在不同情况下会出现不同种类的抑郁障碍，但研究表明，行为激活是克服重性抑郁障碍的有效的治疗方法。无论当前的维持手段、过去的积累及未来的预测是什么，尽可能地让身体运动起来并对有意义的活动产生兴趣可以让抑郁障碍患者从低落的情绪中走出来，并提高他们的幸福感，这种改善可能是通过生理层面的变化实现的，也可能是在他们实现了自己设定的事情之后通过反思实现的。当人们信任自己获得的理解，而实际上这种理解并不准确时，这种理解经常与焦虑或其他心理痛苦的情绪状态联系在一起，这可能会阻止自我体验进入意识的实际存在。鉴于上述讨论对各种类型的意识如何结合在一起而产生慢性抑郁情绪这个问题做出了解释，我们可以更加简单地说明哪些方面是有帮助的。

运用对抑郁的心理学理解就意味着，抑郁障碍患者可以解释并实施下面列举的十种有益的干预措施，因为他们想帮助自己，改变情绪、选择及活动水平之间的平衡，也因为他们会坚持不懈地实现自己的目标。如何与抑郁障碍者在人际层面开展工作，就是在来访者积极投入治疗关系后，治疗师可以要求他们创造一个晨间练习，让他们在起床后选择一项活动，这项活动的目的只有一个，就是通过改善他们的情绪并让他们在几分钟内保持愉悦的心情来帮助他们很好地开始一天的生活。提出任务的方法是要求他们在一周内安排一些愉快的活动，起床后通过一些积极的事情来帮助他们开始新的一天。这需要投入，因为他们会意识到，醒来之后躺在床上反刍和担忧四小时只会让自己产生悲观和绝望的情绪。

1.考虑到抑郁与泛化有关，可以采取反其道而行之的做法，例如，为下周设定精确的可实现的目标，如设定每天散步20分钟的个人目标；帮助人们为自己设定一个具体的目标，如早上7点前起床穿衣；不管我感受如何，我每天都会送孩子去学校。这就是开始康复的一种方式。

2.当我在做一些能改善情绪的活动时，我会把它记录下来，然后再做一次。

3.为了矫正对过去烦恼的反复回味和对未来烦恼的无尽担忧，我会花5分钟去想一些积极且安全的事情。每当我发现自己在某个问题上卡住了，我都会练习这样做。通过练习，你会发现自己越来越容易把思考的重点转移到更积极的对象上。

4. 如果来访者正面临决策和实际问题，鼓励他们具体说明这些问题是什么也是很有帮助的。鼓励他们问自己："我不喜欢做什么事情？为什么不喜欢做这件事？为什么我会怀疑自己完成这件事的能力？"这些会让他们开始怀疑自己消极的确定性。

5. 当来访者开始意识到自己已经停留在后悔或过去的一些事件上时，请他们意识到这一点，并且结束这种状态，活在当下。

6. 通过日记来记录完成的小任务及一天中每小时感受到的快乐程度，我们可以看出一个人的情绪是如何变化的，采用什么方法可以改善情绪。

7. 有关抑郁障碍的心理教育宣传单可以说明抑郁障碍是如何开始的、如何消除的，这对抑郁障碍的康复有所助益。

8. 每周结束时列一份有助于改善情绪的清单，可以通过回顾日记，进行建设性的思考来实现。

9. 问抑郁的人一些简单实际的问题（例如，"什么对你的情绪没有帮助？"）是一种让其开始反思自己低落情绪的方式。要求他们把那些对改善情绪有帮助或没有帮助的事情写在便利贴上，并将答案放在他们能看到的地方，如床头柜上或类似的地方，提醒他们，自己已经发现了什么。

10. 当某人发现了什么能改善自己的情绪时，便可以非常具体地说明那是什么。例如，"我和＿＿＿＿＿去了＿＿＿＿＿，花了＿＿＿＿＿分钟做了＿＿＿＿＿，觉得＿＿＿＿＿，感到＿＿＿＿＿。"这种方式也有助于克服消极情绪的泛化。

结论

本章主要研究的一个问题是：在什么条件下，个体才有可能无法自我纠正自己的问题情绪、信念和行为？这些情绪、信念和行为构成了他们的痛苦，也会影响他人。如果个体使用的对事物的理解可以减少其心理痛苦，其问题就能够得到解决。理解之所以有效，是因为它是准确的。寻找有效的理解和信念就转变成了寻找正确的理解，这种理解能够促使个体就如何减少心理痛苦、应对不可避免的困难等方面进行沟通。这就意味着，个体必须首先知道答案是什么，这样，才能为之努力，并在答案出现的时候识别它。美好生活就是在涉及自我在其领域和"世界地图"中的位置时，自我拥有准确认识与自我修正的重要能力，即使那个地图是不准确的。定向能力，就是自我知道自己在领域和地图中所处位置的能力，是以从现在和将来的角度来看，自我及其世界的构成，是理解"世界地图"的首要主题。

另外，在出现失衡和心理痛苦时，丧失、无望和绝望的感受赋予了自我身体和情绪上的痛苦和危险感（关于过去的习得和对未来的期望），这些都是由意识中的"世界地图"所决定的。问题本身的源头及其答案超出了自我通常所能触及的范围。如果缺少帮助，那么自我既不能解决问题，也无法找到答案。

有人认为，安全型依恋过程、自我安抚、问题解决的示例表明，治疗必须提供的基本过程之一是来访者对治疗师的基本信任感和安全感，有时称之为抱持（holding）、安全框架或安全基地，以便使来访者能够进行足够的自我表露。具体来说，上述研究结果强调了安全、亲近和以成熟的方式分离这些能力的重要性。如果自我能够在心理痛苦的时候获得安全的感受和记忆，那么这是自我安抚的一种方式。来访者得到治疗师照顾的感受是通过言语和非言语的社交行为来传达的。来访者的感受会产生这样的想法：尽管存在自我表露的风险，但在情绪层面上预期自己会被接受，疏离感就会减少。表达这种情绪的想法是：我的治疗师对我很感兴趣，并和我一起设计了一套完全针对我的需要而量身定做的照顾（治疗）方案。安全感和被照顾的感受可以通过一些行为来传达，如请来访者参与讨论他们的需求及会谈时需要讨论的主题的顺序等。这样，来访者可以在重要的前六次会面中得到较快的改善。安全型依恋过程中的早期成功体验包括来访者因为从一开始就参与其中，所以其对自己获得的帮助十分重视。有所帮助的是，提供基本的关怀可以使焦虑型依恋过程的人更加放松，具有回避型依恋过程的人更有表现力。与来访者设定共同的目标，共同承担改善的责任是治疗师在一系列会谈开始时和整个会谈过程中提供知情同意的良好方法。

第三部分　增强安全感是
　　　　　　成功治疗的条件

依恋的定义及其与情绪调节之间的联系现已应用在与来访者的会谈中。当两个人之间的内容和关系过程存在如此之多的变化时，很难在一本书或一系列讲座中提供足够多的细节，从而能说明如何让来访者参与治疗过程。依恋问题的处理实际上可以转化为减少过激行为、降低去激活行为的简单陈述，从而使接受个体治疗的两个人能够相处得更加融洽。从依恋的角度来看，弗洛伊德对潜意识交流的理解可以转化为一种声明，即知道如何理解情绪、感受和意象，并做出有帮助的框架、促进安全感，并且在可能的情况下开启安全型依恋过程。如果这么做行不通，那么不安全型依恋过程和无组织型依恋过程就会接踵而至，即使如此，仍然可以开展高质量的工作。

接下来的内容将为大家绘制一张粗略的实践地图。本书的最后一部分将利用心理过程对依恋的解读来形成成年人的个体治疗。当依恋的思想解释了亲密、照料的关系时，我们就有可能提供符合来访者需求的照料。很难从有关成年人依恋的文献中明确找到成年人治疗工作的一般原则。对一个真实具体的案例进行评论，比理论化和陈述一般原则要容易得多。然而，这一部分的目的是说明有关依恋如何出现在人际关系中的假设。这些假设需要得到证实。本书在此分享这些假设，以便同行间传阅。下面的主题是要意识到安全型依恋过程是成功照料的模式，尽管存在不安全型依恋过程和无组织型依恋过程，但是所涉及的人与人之间的过程是有变化的。各种心理治疗都有一个共同的特点，那就是它们关乎所提供照料的体会。由此可见，在来访者和治疗师的会谈中，治疗师创造出安全型或趋向于安全型的服务是最有意义的，即使一开始无法做到这一点。关注照料和被照料的过程可以让来访者参与到有意义的事情中来。治疗师要清楚地知道什么是有帮助的，并解释为什么会这样做。因此，无论从理论上还是从实践上来说，我们都需要根据依恋理论来把握治疗服务的特点。

回归到弗洛伊德理论是为了与他最初提出的精神分析寻求连续性，与在陌生情境实验、成年人依恋访谈及其他可信赖的实证探究中提出的关于照料的假设建立联系。这些实证研究证明了个体治疗中的成年人依恋。但是鲍尔比摒弃了移情和反移情的解释方式，而是倾向于探索内在工作模型，因为控制论更适合解释内在工作模型的持久性和难以改变这一中心现象。认为依恋是人格的固定部分的想法依然是错误的。弗洛伊德曾建议同行"意识到'反移情'，这是由患者对分析师（治疗师）的'潜意识感受'所产生的影响而产生的"，但这本身并不是与移情相关的反移情的定义。因为鲍尔比曾建议治疗师帮助来访者了解他们的内在工作模型，从而帮助他们改变这些模型，这种以依恋为导向的疗法更倾向于关注过去和现在的依恋动力的特质。在治疗工作中，在来访者描述他们对更广阔的社交、特定的他人和在这些情境中自我的印象时，依恋用自我 - 他人照料这一术语来解释。

下面对可以展开详细介绍的主题进行简要概述。然而，弗洛伊德的研究和当代成年人依恋的实证心理学之间的关联说明，引发情绪、关系和心理问题的重复性心理过程由许多共存的原因造成，这些原因在生物、社会与心理整体的不同层面上运作。从某种程度上来说，在讲述的过程中，来访者会不可避免地重新体验与创伤相关联的情绪及其他需要讨论的话题。因此，再体验不可避免地成为所有心理治疗中自我呈现的一部分，需要谨慎而敏感地加以处理。个体目前存在的问题，诸如接受过不良养育、遭受过任何来源的暴力，以及人们需要帮助解决的无数其他问题，都需要通过关系这个媒介来表达。治疗师所起的作用是促进而不是强制。因此，理解依恋展现了这些体验的内在轮廓和必要性。"准确的理解与高质量的实践"和研究之间的联系在于：我们可以提出假设，并对其进行检验，以突出和解释可观察到的现象。如果有足够的安全感，双方的感受可能会更放松。在这样的氛围中，双方更容易就两个人之间发生的事情提出问题并加以评论。

第七章阐述了弗洛伊德的理论与当代以依恋为导向的实践之间的理论连续性，这一点得到了实证心理学的验证。第八章就依恋在评估中的表现提出了假设。第九章通过一些案例，详细介绍了如何处理特定的依恋过程。第十章讨论了安全型依恋过程对框架的指导作用，即一系列利益关系的交集。具体来说，争论的实际结果是以治疗关系为中心的实践、理论和研究的观点。抱性持环境或清晰的框架是提供优质照料的基础。

当专业人员与来访者的依恋力量合作，而不是与之对抗时，协同工作与知情同意就建立起了联结，帮助来访者了解向其提供的服务具有一个好处，那就是避免在评估时和在会谈过程中来访者出现误解和失望。

第七章　依恋的心理动力学

　　本章回归弗洛伊德的理论来详细理解心理过程、心智化、移情、洞察力或反思功能的心理动力学。对弗洛伊德的术语在其最初实践中原始意义的具体解读被认为可以定义当代以依恋为导向的心理动力实践，并且在所有类型的治疗中重申了良好的基本实践的基础。任何治疗的核心动力都是监控和减少来访者的阻抗及伴随的焦虑，增加其开放性，从而使他们的相关信息对治疗关系中的双方都是公开的。来访者的自我表露朝开放性移动是弗洛伊德式心理治疗传承的一个明显和直接的结果。作为基本意识，开放性是弗洛伊德的"本我在哪里，自我即应在哪里"这句格言的当代演绎，即能够理解自己的偏见和盲点。弗洛伊德的意图可以理解为在实践中保持正念，以及在关注被压抑和被遗忘的事物时保持开放的必然性，包括尝试拥有已被否定的东西，把它包括在内并与之一起工作。但是在任何目标的实现过程中，细节决定成败。我们究竟应该如何理解这些呢？安全基地及安全型依恋过程在个体治疗中作为一种可能性与其他反应一起存在。有学者认为，在治疗中建立安全型依恋过程需要在足够长的时间内进行会谈，来访者才会有足够多的自我表露，治疗才能为心理痛苦和创伤做出解释。

　　本章总结了依恋核心理论的关键心理动力学过程。下面从心理动力学开始，以表达任何社交领域中存在的时间性和主体间不断变化的一系列动机力量。创造安全关系的治疗师在为来访者提供照料的同时，也要为自己的健康负责。有安全感的人可以让自己平静下来，这使自主和联结都得以发生，这种感受很好，并提供了一种建立自信的机会。

在这种过程中，他们会产生关于美好生活的信念和习惯。安全型依恋的内在工作模型是在情绪层面的理解上，根据安全的合作方式绘制情绪层面的关联图。安全型依恋过程的自我平衡的自我和自我意识是支持性社会背景的结果。在日常生活中，在 24 小时内（或在未来更长的时间范围内）灵活地选择各种满足的目标，是自我可以选择如何反应，而不会因为障碍性防御和过度的心理痛苦而在选择中受到伤害。放松的自我能够在相互竞争的理想目标之间分清轻重缓急，改变优先顺序，相对轻松地采取行动并实现目标。如果人们能够应对模糊和不确定性，这就是一种良好的心理状态。

回到弗洛伊德

下面关于治疗的讨论涉及对弗洛伊德基本术语的回归及其在实践中的正确理解。目的是将弗洛伊德的观点与防御和依恋联系起来，并说明如何通过建立联结，将其与当代的定性研究联系起来，以解释在个体治疗中形成关系的双方之间时时刻刻发生的事情。我们有必要承认西格蒙德·弗洛伊德的贡献，他的术语在依恋研究和当代心理治疗实践中仍在使用。

在学习精神分析、心理动力学疗法，以及如何开启依恋取向的心理动力学实践时，有一些对弗洛伊德的错误解读造成了对相互关联和讲述的无益理解。例如，弗洛伊德提到，分析师（治疗师）在患者面前应该是不透明的，像一面镜子，除了显示患者自身，不显示任何其他东西。这句话被错误地理解为是要求治疗师保持沉默和不响应。对这句话更准确的解读是理解什么时候在谈话中引入一个有意义的停顿，这样他人就可以将自己的想法表达完整，而不是话只说一半。实际上，弗洛伊德真正想要敦促的是治疗师要避免冷漠和冷淡。在弗洛伊德看来，在面对他人的痛苦时，从来就没有漠不关心的中立。另外，弗洛伊德认为，永远不应该有僵化的技巧。因此，弗洛伊德并不倡导过度关注边界。他也不认为治疗师应该躲在沉默和毫无表情的面具背后；相反，他认为治疗师应该在关注的方式上加以克制和约束。对弗洛伊德来说，治疗工作的一个关键是对阻抗的管理，让患者陈述他们的故事，并保持这种关系，因为他们得到了适当的倾听。弗洛伊德的患者对他的评价是：他很善良，富有同情心，会做出响应。弗洛伊德关于保持沉默、反思已被理解的东西的建议却被那些敦促治疗师采取过于形式化和不响应策略的人断章取义。

弗洛伊德的一个治疗策略是要求人们改变行为，承受心理痛苦，如果这样做会让他们焦虑，那就练习一项技能。在治疗急于重返指挥岗位的作曲家古斯塔夫·马勒时，为了让他重拾信心，弗洛伊德就鼓励他这样做。精神–分析学的原始形式并不反对行为上的改变，也不反对提倡更令人满意的习惯。也许是因为弗洛伊德治愈了自己的恐惧症，所以他很清楚，对于广场恐惧症患者，治疗师应该通过分析的影响引导他们走上街头，在他们尝试这样做的时候与焦虑做斗争。在对这一类型的来访者提供帮助时，这些信息可以被看作一种鼓励，让我们去思考相关的需求应该如何做出改变。

下面是对弗洛伊德的术语和当前在治疗中运用依恋疗法的实证研究之间的一致性的探讨。如果我们将这二者表达为心理过程，就可以清楚地看到，多年来它们之间的共同点是，心理过程使心理感受意识化。实验心理学已经充分证明，心理启动会产生潜意识的存在，这些都是人们内部和人们相互之间联系的动机，它们以各种方式建立联结。启动是实验心理学中的一个术语，根据这一术语，对参与者来说，有意义的联想对象会在已被启动和未被启动的两个实验组中表现出可测量的差异。当人的意识被启动时，实验会显示思维、选择和感受上的偏差，这些偏差是可以被证明的，但不能被有意识地检查出来。即使没有完全意识到这一点，启动仅仅是一种有影响力的存在，它仍然可以成为一种激励行动、联结、理解和信仰的力量。

西格蒙德·弗洛伊德留下的精神遗产既不是空洞的历史故事，也不是显示疗法进步程度的标杆。尽管他急于建立理论，但他也观察到了人类的一些主要方面，这些方面对所有的心理追求来说都是普遍适用的，并且自主流治疗开始以来就一直是其中的一部分，也就是他的诠释、动机、驱力、心理经济学和动力学、阻抗、潜意识等概念。我在前面已经解释过如何通过意向性来识别这些概念。然而，他的概念和实践有时却被人曲解。要把握弗洛伊德真正想要表达的意思，需要研究他在会谈中如何运用自己的思想，这样才能做出恰当的、历史性的解释。然而，自弗洛伊德时代以来，人们对人类心理和精神状况的理解已经发生了很大的变化，现在许多人在使用他的术语时，很可能采用的是弗洛伊德本人并不了解的方式。弗洛伊德通过共情及解释他的感受和行为来工作，但他的许多理论著作却模糊了他当时治疗的现象和他如此实践的原因。我们需要仔细观察，相信弗洛伊德的实践，以纠正那些与他的精神和文字相违背的理解，尽管他并不总是要求阅读其专著的读者这样做。

理解阻抗

弗洛伊德在其著作中提及改善治疗关系的质量。他监测阻抗的发生量，并以减少阻抗为目标，使来访者能够充分地进行自我表露，以便获得帮助。弗洛伊德揭开阻抗，降低阻抗，并找出可能促使阻抗产生的原因，目的是鼓励来访者畅所欲言。他没有分析阻抗，而是与之合作。阻抗是个体因感觉到某些东西而停止言语表达。治疗中需要有一种方式来谈论抑制性。这样的讨论从抑制的起源开始，并且治疗师的态度应该被清楚地表明，即在治疗过程中不会表现出评断。言语的缺失隐藏了另一个没有被讲述的部分，因为心理痛苦遏制了言语表达。拒绝表达的内容与心理痛苦程度最强烈的事情有关。所以，阻抗是一种不自信，是社交焦虑和矛盾心理的一部分。之前的自由表达戛然而止，因为社交焦虑的消极动机抑制了表达，或者对一个话题的未来想象抑制了表达。自我矛盾地想要讨论的事情，会让其产生关于不赞同、批评和拒绝的感觉，以及其他引发负面后果的情绪。无论接下来会发生什么，来访者接受帮助本身就有了一种治愈的可能：找到新的意义，减少心理痛苦，在治疗关系中加以讨论。治疗重新构建了信任和关心的氛围，治疗师通过抑制充满价值的批评，以及坚持共情的愿望，帮助来访者表达自己的世界观和看法。

弗洛伊德的一些最基本的术语可以定义如下：人们在自由言说时，就是在进行"自由联想"，他们表达的是他们所谈论文化对象的可理解的文化意义。在大多数情况下，他们说的都是他们体验到的真相。自由联想是指精神 - 分析中来访者的独白，来访者在会谈中叙述时，治疗师则相对处于一种可接受性的沉默中。一定程度的自由联想在所有的关系中都会出现。自我在选择要说什么的时候，叙述中任何突然的变化都可能表明已经遇到了一个内在的禁忌，弗洛伊德称之为"抗阻"（Widerstand，即英文"resistance"），就是自由联想所指的"阻抗"，或者更广泛地说，是抗拒说真话和无保留地述说。抗阻是"阻抗联想"。例如，"'爱'这个概念对她而言附着了一些东西，所以她表达'爱'时存在强烈的阻抗"。阻抗是由压抑引起的，听起来是自由言说的减慢甚至停止，正如"安娜·欧"［布洛伊尔的患者伯莎·帕彭海姆（Bertha Papenbeim）］所呈现的那样，她把布洛伊尔对她所做的工作称为"谈话疗法"，她开玩笑地称其为"扫烟囱"。

开放性需求与减少阻抗之间的联系最初是在约瑟夫·布洛伊尔与安娜·欧的工作中被发现的。与患有癔症的女性会谈的结果是：当我们成功地将引发癔症的事件的记忆清晰地揭示出来并唤起其伴随的影响时，当患者尽可能详细地描述了这一事件并将影响言语化时，个体的所有癔症症状都会立即永久地消失。不但有了表达，而且有了缓解，症状通过意义的改变而消失了。在生命最后的时光里，弗洛伊德说："克服阻抗是我们在工作中需要花费大量时间的部分，也是十分困难的部分。"因此，他给出了一些关于阻抗在实践中重要性的指示。弗洛伊德对心理治疗实践的贡献仍在发挥其作用——在理解提供照料的基本原理和接受照料的困难时，以及在依恋的情境下。弗洛伊德的患者伊丽莎白·冯·R.（Elizabeth Feng R.）欣然接受被允许自由言说，这后来发展成了自由联想的技术。弗洛伊德对压抑原因的解释，或者后来对压抑和阻抗（对患者的自由言说）这两个术语的解释成为实践的核心，并为理解如何处理治疗关系提供了明确的情境。

阻抗是治疗关系中一种抑制性的社交焦虑，特别是因不被理解而可能遭受负面评价时，它与自我厌恶自己本来的样子有关。弗洛伊德想要找出患者（来访者）身上抑制言语的动机，以恢复言语的自由流动，让治疗顺利进行。阻抗可能和（与过去相关的）预期比较的总和有关。任何潜在的话语对象、预期治疗师的共情反应，以及来访者和治疗师的预期情绪状态中都可能出现阻抗。例如，自我中那些被认为是可耻的、令人厌恶的和怪异的东西预期会引发他人的惊恐和反感，而非同情。当来访者拒绝自我表露、有选择地自我表露或难以自我表露时，阻抗就出现了。然而，自我表露是必要的，通过理顺个人经验中的客体，将其带入公共领域及与治疗师或家人的关系中，以获得帮助。

如果一方在任何一次会谈中感到焦虑或恐惧，那么他可能抑制自己的思想，或者无法理性地思考和主张自己的观点。如果来访者闪烁其词，甚至停止自我表露，那是他阻抗说出心中所想的表现。当阻抗发生时，来访者不会主动表达需要表达的内容，也不会解释自己为什么会因为预想治疗师会不赞同而对自我评价感到不妥。这种焦虑感可能与所讨论的话题有关，也可能与治疗关系有关。不安全型依恋过程可能因会谈中的任何原因而被触发。如果这些问题没有得到治疗师的关注和处理，可能出现的后果是，来访者可能再也不会接受治疗，或者会面的过程与预期大不相符，因为真相和与之相伴的心理痛苦被回避了。对于在会谈中治疗师试图进行的照料式干预，会谈中自己表述的内容，以及接受治疗师影响的方式等方面，来访者都有许多感受和反应。从长远来看，阻抗还出现在以下情况，包括自我拒绝改变时、拒绝尝试新的生活方式时，以及放弃修复性体验时。这是有问题的，因为来访者拒绝适应生命中的新挑战，意味着其无法跟随生活的洪流前行。在任何形式的治疗中，一个基本的情况就是来访者口头上的陈述和反思。

如果他们的讲述停顿了，或者不明原因地充满了焦虑，或者难以参与会谈，就意味着阻抗出现了。但是，值得注意的是，治疗师也会出现阻抗。海因里希·拉克尔（Heinrich Racker）引入了"反阻抗"这一术语。反阻抗是指治疗师自身对解释的阻抗。阻抗源于对解释的恐惧，因为解释本身是不完整的，并且表明了其与重要材料之间的联系。

开放的重要性

这部分简要回顾弗洛伊德对任何类型的实践都有助益的要点，即倾听任何对话时都需要对所讲的内容及其全部意义真正持开放的态度，而非对说话者的意思进行预判；就像听音乐一样，我们的回应是所讲内容引发的个人共鸣和可能的影响。如果来访者对信息进行了充分的表达，治疗师又开放地予以倾听，那么治疗师就可能会捕捉到来访者真正传达的信息。在精神－分析中，来访者的自由独白和无内容设定的会谈就是为了遵循这一基本规律。治疗师开放式的关注可鼓励来访者的思想和感受进入其意识之中并被表达出来，这样，治疗师就能如实地了解来访者的思想、感受和行为。对治疗师来说，要想准确地理解来访者所讲的内容，就必须保持开放的态度而不妄下结论。弗洛伊德称其为"自由悬浮注意"。最大限度地对来访者开放是一种指导性的理想。正如威廉·赖希（Wilhelm Reich）在他对精神－分析实践的第一次定义中所指出的，自我表露时存在对立的力量："精神－分析的基本规则要求废除审查，允许一个人的思想'自由联想'，这是分析技术最严格、最不可缺少的措施。它在潜意识的冲动和欲望的力量中找到了强大的支持，向着行动和意识的方向推进；然而，它又受到另一种力量的反对，这种力量也是潜意识的，即自我的反投注。这种力量使患者很难，有时甚至不可能遵循这个基本规则。"从这一观察中可以得出的结论是，已知且熟知的东西往往能在进入当下的关系时被体验到。对任何话题的了解都受制于先验的理解。在哲学中，这被称为诠释循环。正如威廉·狄尔泰（Wilhelm Dilthey）所说："必须从个别各部分的角度来理解整体，从整体的角度来理解个别的各部分。读者要想从整体上理解一部作品，就必须参考其作者和相关文献。这种比较程序可以让人更深刻地理解每一部作品……因此，对整体的理解和对个别部分的理解是相互依赖的。"诠释（interpretation）这个词是弗洛伊德所用德文词"Deutung"的英译名，始终是指患者经验的特质。弗洛伊德之所以具有开放的心态，是因为他接受实证研究的修正。然而，按照狄尔泰的说法，诠释是一种自我意识，它明确了事物具有意义的条件，并要求指明部分与整体之间的关系。扎根研究为进一步的研究和治疗实践提出理性的理由，而这些理由总是包含一些不确定性，因为人类的意义和意图被情境化的方式有多种：根据部分所处的情境，部分总是以不同的方式出现。

对诠释的研究被称为诠释学。正式的心理诠释学尝试在依恋领域中具体说明动机的意义。如果诠释足够清晰，同时也得到了学术界的认同，那么理论就可以向前发展，即使它珍视的一些想法被证明是错误的。当涉及跨时空的意义比较时，要想知道采取哪种选择，就需要跨时空的元表征，即考虑现在和未来。简而言之，现在和未来是可以在过去学习的基础上进行意识和潜意识的理解的。治疗师想到的是对来访者成长史中的依恋可以如何理解，以及依恋如何与当下相互作用，并从一个时刻到另一个时刻呈动态出现。

弗洛伊德提倡的是，对患者（来访者）陈述的内容和患者（来访者）如何表征自己两者意义的共鸣，患者和分析师（治疗师）都要持开放的态度，而赖希则表示，这样的尝试即使不是不可能的，也永远是有限的。这两者之间，存在着如何让患者（来访者）参与建设性的工作中的技巧。绝大多数治疗师已经放弃了弗洛伊德的模式，不再坐在来访者身后，要求来访者进行自由联想。然而，允许来访者进行足够的自我表露的动力要求两人具有足够的自发性，如果他们觉得有什么需要说出来，需要询问，就可以说出来。安全型依恋过程是一个很好的例子，因为它关注发生的重要动态。治疗师是更开明的人和引领者，他们有责任创设使来访者感到足够安全的治疗条件，以便来访者能够自我表露，同意治疗目标，对自己所表达的内容进行充分的反思，对自己所讨论的意义感到安心并进行自发的重构：这些意义被羞耻感和秘密所包裹，一直压抑在内心中。当这些在治疗关系中被公开时，来访者所感受的意义和体验就会被大声地陈述出来，这让他们有机会听到自己的声音，感受到他们所压抑的一切。在第一次表述这些内容时，来访者的自我表露往往会带来自发的宣泄，这就导致他们可以对自己的经验开展进一步的重新评估。任何心理治疗都需要来访者充分进行自我表露，而一旦进入治疗关系，来访者就会解读治疗师的言语和非言语反应，治疗师的这些反应就会成为进一步反思的来源，以此维持改变。来访者自我表露后收到的回馈信息及其与治疗师之间的关系应该会提供一系列可以塑造新意义的新事件。因此，弗洛伊德在依恋的语境中的基本法则是：双方对旧有的羞耻感和令人痛苦的客体都要持开放态度。

　　就治疗师而言，倾听并自发回应来访者的所说所感，这种对痛苦保持充分开放的态度本身就可以帮助感到心理痛苦的人。愿意参与其中是治疗师做好自己的工作、帮助来访者获得他们所需要的服务的必要且不可避免的一部分。治疗师要避免的陷阱有很多。来访者突然间因为自己的言谈举止和感受到的事情而觉得自己过度暴露，或者治疗师后悔当时没有做出适当反应，这两者是导致来访者无法进行充分的自我表露和终止会谈的两个因素。如果来访者认为治疗师不能处理好自己真正希望得到帮助的事情，他们就会感到自己的需求得不到满足。因此，治疗要达到的平衡是，在治疗师和来访者的共同努力下，商定明确的目标，帮助来访者表达自己的想法，最大限度地降低来访者放弃治疗的可能性。

意识、潜意识的存在和生物基质之间的关系

　　回望历史，治疗师通过多种方式锤炼自己的注意力和反应能力，使自己的心理思维能力更强，情商更高，同理心和洞察力更精准，这是依恋心理动力学

实践的核心。纵观弗洛伊德的著作，我们可以清楚地看到，他的论述中也存在犹疑。但为了提供一个概述，并勾勒出其中的复杂性，我们可以选择一些与当代依恋研究相一致的段落。弗洛伊德曾做过这样的描述："精神－分析是心理学中的心理科学的一部分。它也被描述为'深度心理学'……如果有人问'心理学'的真正含义是什么，大家很容易列举其组成部分：我们的感知觉、思想、记忆、感觉和意志行为——所有这些都构成了心理学的一部分。"他认为，心理学是指意识和潜意识加工的全部范围。然而，精神层面、隐蔽层面的潜意识存在（字面意思是在意识线以下）及生物基质三者的关系编织成一块复杂的织物。我们的回答是，为了支撑一个定义而破坏精神生活的统一性是不合理的，也是不恰当的，因为在任何情况下，意识都可以为我们提供一个不完整且断裂的现象链，这一点十分明显。弗洛伊德的立场和人类相互交织的各方面之间的共同点是，肯定存在可观察到的有意识的思想、感觉和意图。然而，这些都是由神经和生物化学物质相互作用的结果，是只有科学才能研究的。对弗洛伊德和当代心理学来说，心理过程涉及模式匹配，以及对意识印象本身进行编码和解码，这为自我检查提供了完成的意义。所有类型自动意义创造的主要过程都是在没有自我推理的情况下完成的。自我只能在事后仔细考虑和推断出自己如何理解他人或自己的体验。心理学理论的定性基础是将依恋研究的发现和观点结合在一起，如解释、理解那些对每个人来说定性存在的东西的意义（即使对拥有这些经验的人来说这些经验毫无意义）：这就是眼前的挑战。

正如弗洛伊德在《论失语症》（*On Aphasia*）中指出的，知觉或记忆中的情绪和表征构成了一个整体。弗洛伊德在其关于压抑和分裂的思想中提出的现象是，个体在防御性遗忘中或出于社会性原因对心理痛苦、欲望和行为进行抑制时，先前完整的客体被打破。例如，在遭受过性虐待的个体身上普遍会出现焦虑、解离和非利己但有目的的防御性遗忘，以及对虐待的清晰记忆和虐待的持续影响，这些共同造成个体的半永性遗忘。压抑和远离表征的情绪分裂是多变的，因为分裂的方面会重回意识，例如，想象的方式，或者过去形成且保留下来的经验以置换的方式重新进入当前的经验（如创伤诱发的精神病），以及与创伤和创伤后应激障碍相关的习得内容再次袭来。具有亚临床脆弱性的个体在承受一段时间的无力后会爆发，这种综合征被触发会导致被否定的客体回归意识及其情绪。同样，开放和倾听的过程也为来访者提供了一个扩大的情境，以便其理解具有威胁性的、让人痛苦且需要在安全情境中重新组合的材料。然而，防御被自我有意识地使用，而被动意识被不知不觉地运用。尽管存在众所周知的弊端，但从重视短期调整的角度来看，它们带来了足够有价值的回报，尽管短期调整显然不是最佳选择。"选择的元表征"是一种解读个体在风险威胁下选择防御性策略的方式，并能够将其与长期利益相比较。

促进理解：以直觉为例

　　本节主要讨论主流心理学文献中关于意识的一些基本方面。反思、正念、精神的分析、治疗会谈的共同点在于都遵循弗洛伊德基本规则的精神，对存在的东西保持开放性。如果意识以放松的方式对存在的东西保持开放性，那么定性的经验及自我对自身的基本存在感就可以被意识所获得。这意味着，重要的信息能够被记录下来，这样，自我就能够意识到过程和心理感受之间的联系。弗洛伊德最初的心理动力学诠释用以解释自我想要创造的目标、目的论和功能，以帮助来访者理解自己。例如，童年时期用来管理情绪的信念和决策在30年后就会不合时宜。弗洛伊德想要解释的现象是非理性的：那些在谋杀案中幸存下来的人后来是如何自杀的；童年时遭受的虐待如何使孩子在成年后变成受虐狂；如此等等，不一而足。考虑到这一点，我们就有可能发现所考虑的诠释特征中的共同点，而不至于迷失在弗洛伊德的诠释规则中，这些规则将他带离现象，进入对潜意识沟通的推测中。

　　弗洛伊德使用的德语词"Deutung"，意即对潜意识原因的诠释，是与人分享一个关于其现时行为和体验之所以如此的假设。举例来说，治疗师诠释"来访者为什么难以表述"是为了帮助来访者更好地理解自己，更好地表达自己。这一点很重要，因为他们获得帮助的途径是减少阻抗和压抑，从而使他们能够表达和自我表露。与此同时，阻碍真实表达绝对会导致理解和改变的失败。说话者可能说得很好，但听者的注意力可能已经转移到自己的某个议题上了，而这个议题可能与正在说的内容有关，也可能无关。因为从更普遍的意义上来说，任何打断分析工作进展的东西都是阻抗。总而言之，尽管迄今为止对依恋的定义已经有所阐述，但我们敦促那些应用这些定义的人在考虑如何帮助来访者时要尝试思考（以及在发表评论时要准备好重新考虑）他们所引用的证据。会谈可能向不安全的方向发展，为了提供能够处理这种状况的高质量照料，治疗师最好将自己的想法向来访者解释清楚。心理治疗必须以来访者能够理解的方式获得知情同意：这就需要和来访者一起决定他们需要什么样的照料（关爱），并说明治疗工作起效的部分原因在于治疗师与来访者共同创造这些照料（关爱）。

最基本的现象是个体对意识中实际存在的内容可能有一种动态的觉察，就最基本的方面而言，可能仅仅是觉察到一个将自己呈现给自我注意的客体。但是，无论它被称为"有意识地生活""洞察力""直觉"或把握事物的整体意义，它所讨论的都是前反思性的情绪、信念、思想、觉察在意识中出现的程度。觉察可能在没有充分、合理的证据支持的情况下发生。所以，治疗师会有自己的直觉，也会将它表达出来，以便验证它正确与否。快速、准确、基本理解的一个示例是，在与他人的关系中，情绪作为个体身体感受的一部分自动发挥作用。各种意义和交流都有隐含的意义。自动的内隐态度和从过去习得的东西归因于行为、联系及对存在的感觉的情绪化。直觉可以促进瞬间决策，这种感觉往往是一种生活中积累的感受——复杂的东西是否会起作用——但并未经过深思熟虑的理性推理过程。而仅仅是感觉上判断有些东西可能会起作用（或不会起作用）。模式匹配促进了情绪的发生，这是准确识别事物的结果，而准确程度是可追溯性的。

但这并不是说，所有的情绪、即时的理解、自发的行为都是准确的。由于有些职业身份是反直觉的，有时需要运用理性和实验来证明一些东西，因此可能需要额外的证明因素。在偏执和重性抑郁障碍这两种情况下，个体最容易表现出不准确的理解。然而，在行为和联系的自动层面上，智慧则表现在立即知道该说什么，以及如何通过应用依恋理论在人际关系中保持平衡，并能因多年实践习得的经验而发现模式。个体对自己能力的自信心是通过对目标与实际成就进行明确的检查而获得的。熟练的实践是对一系列相似情况进行多次理解的结果，以至于形成对复杂的事情进行理性分析的潜意识的能力，在这种情况下，理解和决策变得快速而准确。

倾听的一般过程就是意识到对方所传达的是什么，自己所感受到的是什么。理解任何现象的最基本的过程都是从仅仅保持觉察开始的，然后专注于它是什么，以及我们是如何觉察到它的。因为在沉思中，意识所拥有的多种形式的觉察就会出现。客体出现的方式取决于它在意识中出现的觉察形式有哪些。第一印象可能是微妙、脆弱、短暂的经验，很容易被忽略，或者在匆忙处理其他事情的时候被一扫而光。这时就会出现两种情况。情况一：在事后看来，人们意识到的是直觉的短暂想法和感受最终被证明是准确的预测，而且它们在当时是可信的。情况二：有些事情感觉不对，个体有一段短暂的内心对话并且立即产生了一种理解，并以预测或担忧的形式进入了意识。这一点被忽略了，然而后来却被证明是真的。在情况一中，当意识识别出一个它已经知道的客体的模式时，直觉就会出现。这个模式在意识层面上被记录下来，并在短暂的一瞬间成为关注的对象。情况二中也存在对客体的身份、其意义的正确识别，但它被草率地忽略了。所以，直觉只是在它第一次出现后的某个时候才被证明是真实的。准确的洞察有时候看起来像无关紧要的东西，似乎可以被扔进垃圾桶里，而不是发现一个本来可以进一步探索并妥善处理的真正的关注点。

自我也会对未来的后果做出预言，而它自己却忽略了这些后果，然后发现这些后果会在以后发生。提高直觉的准确性的一种方法是检查转瞬即逝的经验，特别是当这些经验涉及他人时，这样个体就可以对这些想法和感觉进行验证或摒弃。这种方法是通过训练让自己变得有觉察力，然后检查是否有适当的证据来证明自己的直觉，从而培养准确的直觉。这种训练所产生的是信任自我的能力，以及觉察在发现已知模式方面的能力：它们是前反思沉浸在构成文化世界的总预感中的一部分。检查直觉的过程增强了区分准确理解和不准确理解的整体技能（与焦虑驱动的预期相反）。下面以日常生活中常出现的情况为例进行说明。

- 觉察到自己的情绪与特定的他人有关。
- 命名这些情绪并试图陈述它们是关于什么的，是什么原因、动机或条件使它们保持现状，并假设它们是关于什么的。
- 共情并觉察情绪，它似乎被他人感受到了（有时这些情绪的意图很难用言语和非言语表达，很难用视觉或听觉的方式呈现）。
- 命名他人的情绪和意图，包括请他们讨论他们的想法和感受，作为一项共享的活动，和他们一起解释其中的意思。
- 帮助他人采取行动，或者对自己采取行动来调节自己的情绪，讨论自我和他人之间发生了什么。这可以帮助双方想出如何最好地行动，并以一种平静和安全的方式相处。

在评论自由联想和保留在意识中的客体相关联的模糊存在的背景下，我们首先必须提高觉察力。所以，心理学与依恋心理动力学的共同点在于关注情绪处理的过程和形式，这种情绪处理可能具有情境束缚性，也可能是个人历史中自我调节的结果。从字面上来看，如果一种存在是潜意识的，它就不会记录有意识的注意，而是会被潜在地记录；仍有一个参照对象被诠释为证据。完全潜意识的客体是矛盾的，是不可接受的。如果说某物是阈下存在，那么它既是一种动机，也是一种描述性的潜意识。它属于前意识范畴，因为它的影响可以在它过去之后被评估出来。对任何希望理解潜意识过程的人来说，必须先建立起对意识的认识，然后才开始对那些没有出现但被认为是通过诠释而存在的东西进行理论研究或实验。这是因为，心理学的诠释是以观察到的证据为基础的。治疗师在对可能的原因进行诠释时，也要持开放的态度，并根据来访者的观点加以修正。在精神－分析的早期，"精神"是用临床案例和实验程序来表明的，某些原因影响了自我可体验到的内容，以及在他人处听到的或诠释的内容。这一点在卡尔·荣格（Carle Jung）的实验中得到了证明，他使用的工具为一个秒表和一份单词列表。方法是将这些单词读出来，并记录被试对刺激词的反应速度。荣格据此能够推断出，被试反应时间最长的单词与其创伤及伴随的情结有关。至少在一个场合中，这一点得到了当事人的证实。但是原因不可能自行出现。潜意识是意识的必要依附时刻，可能在一天中的任何时刻或在梦境中以自发非自我解决问题的方式表现出来。例如，妄想症患者认为自己从未见过的人主动地不喜欢自己，对自己怀有不良企图，即使有证据表明他人心怀善意，这项证据也可能会被拒绝。临床环境中的潜意识相当于实验心理学和依恋研究中观察启动、自由联想、发展性学习等被动过程的其他方式。就妄想症而言，大约有一半遭受过身体攻击的人都会有这种经历，一旦过去的创伤被纳入解释，那么妄想症就有了意义。患者担心再次受到身体攻击的焦虑感是很容易被理解的。

弗洛伊德的一个推理可以被表述为假设，即心理痛苦可以被体验为自我矛盾、非理性、不受自我控制。从字面上来看，心理痛苦是由隐性的主体间的和内在心理的联想、动机和冲突造成的。弗洛伊德强调在自我内部和与他人关系中的非个人层面上的性驱力和攻击驱力，这些过程是在情绪和身体中直接感觉到的人际关系场，都具有重要的意义和直觉。其中有些稍纵即逝、飘忽不定，如果未被自我捕捉到，那么很快就会消失。体验有意义的意识对象和将它们与精神力量联系起来之间存在着关联。精神力量发挥作用的方式是通过将意识体验解释为由意义形成的初级和次级过程构成——这是精神－分析和当代心理学之间的另一种联系。弗洛伊德最初的焦点是梦境，潜意识在梦境中表现为情绪、内隐的意义和非言语的联想，以及对各种非知觉意义的学习。次要过程是指在言语中刻意遵循显性规则，利用逻辑推理及从概念诠释和表征中派生出来的意义，属于词–表征和对象–联想两种工具或系统。当重点是共情和理解他人及其视角时，这意味着对他人有一种体会，即使只是模糊的体会。通过视觉观察或听觉感受他人的言语而产生共情的能力是一种初级过程，即不需要自我的努力就能立即对引起他人行动的状态产生共情。这些状态是在理性思考之前，也就是在未经理性思考的情况下，在自己的某个层面上立即发生的信念、目的、对他人的共情、情绪、幻觉或记忆。次级过程是将那些以初级过程的方式产生的对他人的感觉和直觉加以表达时所需要的高级过程。在如何用言语来表达意义的过程中，对他人的共情中内隐的部分被赋予了更高层次的智力信念和思维习惯。

关系作为整体

任何心理事件或过程都有整体性。任何一个整体都是有意义的，自我可能意识到也可能意识不到自己在其中的贡献。在矛盾的情况下，当自我也想参与一个问题或未被满足的需求中时，它更倾向于回避。当有积极的适应性选择时，自我就有可能与世界保持接触，因为有一个明确的积极意图，即所宣布的东西将为所有相关方带来积极的共同结果：双赢的解决方案。当对自我选择的东西存在矛盾心理时，个体可能会产生防御行为，即使明知道这是不健康的，也不是自我和他人的最佳选择。一个很好的例子就是在压力下重新开始吸烟，即使知道吸烟是不健康的。这显然是一种坏习惯，虽然这涉及身体健康和决策，但也体现了心理健康的选择：选择了一些从一开始就明确知道有害的东西，违背了运用逻辑理解来维护安全的做法。

强调个人倾向和相互作用过程的基本原理是，当这些过程以一种强有力的方式呈现时，这些现象本身就变得可以被正确识别。因此，需要注意的是，除了个人的倾向之外，这些现象还以更微妙、更分散的形式存在于人与人之间。在双方的关系中，有协商和拒绝，然后才会达成相互性的协议。值得关注的是照料者和被照料者之间依恋的动态互动，这种互动会在不同的时刻发生变化。尤娜·麦克拉斯基（Una McCuluskey）给出的线索是关注当下每个瞬间的定性差异，通过研究这些差异，我们可以提供关于个体和群体治疗中出现的模式信息。这可以被称为关系过程观，即任何两个人之间可以定性地被识别出的交互性质量。一旦内在工作模型形成，就可能经常被自动选择。这种自动化运作在某种程度上是可以改变和予以进一步影响的，虽然它确实较难改变，因为在某些情况下，内在工作模型在几十年的生命周期中可以一直保持。然而，依恋过程之间也可能存在着瞬间的变化。例如，在后鲍尔比时代，人们对依恋动态的看法是，存在于个体与另一个人在每个瞬间的联系中，每一种模式都可能根据此时此地影响的变化而变成另一种模式。麦克拉斯基录像时使用了定位良好的镜子，以录制会谈双方的情形。他对录像进行分析后发现，来访者希望对自己的治疗师发出五种类型的邀请。其中包括三种类型的阻抗外加安全型和无组织型的求助。而治疗师提供的专业性照料也可分为五种类型：安全型、反阻抗型、回避型、无法共情来访者的情绪型、当感到太强烈的痛苦时无组织型或迷茫型。然而，研究表明，从某种程度上来说，童年时期的依恋几乎完全反映出了所接收到的照料，也反映出了关系的总体质量和所涉及人员的角色。另一些研究者称，依恋在某种程度上是可遗传的，这表明它在一定程度上是一种特性，是生物遗传性人格的一部分，不容易改变。然而，依恋这一软性原因最好被认为是一种倾向性或敏感性，即与另一种半固定的联系类型形成的特定联结。有来自当前一系列事件的影响，也有来自童年时期、遥远的过去、较近的几天和过去的几小时，包括未来几小时和近期几天的影响，再加上当前想要实现某件事或抵御某件事的意图（即使某件事发生这种可能性本身并不真实存在）。

在治疗会谈中，依恋过程和非言语分享构成了一个整体的两部分。会谈受治疗师给予关爱的愿望和来访者接受关爱的愿望影响。来访者的贡献是其寻求各种形式关怀的尝试，以及对治疗师尝试提供关怀的做法给予回应。治疗师的贡献是指对来访者的各种寻求关爱的尝试提供关爱，以及对来访者接受关爱给予回应。双方都会共情对方，回应对方对交流的贡献。卡尔·罗杰斯（Carl Rogers）的观点是对的：感受需要被反映，但这并不是说只有澄清情绪才是有帮助的。当特定技能被以某些方式鉴别时，诸如当技能主体被录像机对准时，或者他们不得不在一群同事或受训者面前展示其技能时，这时，有能力的人可能也会失败，从而正常运作的整体会被打成碎片。最基本的治疗技巧是就商定议题，按照商定的顺序与来访者合作，使会谈时发生的事情在知情同意的情况下进行。治疗师的直觉与来访者先验的存在之间的准确程度是由讨论和表达所决定的，尽管所产生的感受可能不一定是准确的。如果准确的理解能够被区分出来，那么就能被很好地运用。当治疗师专注于来访者时，只有将自己所理解的内容通过与来访者进行核对，才能对来访者表达的情绪、意图及意义进行准确共情。正确的理解是，共情就是以平衡的方式看待来访者，看到来访者的优点和缺点。这样，治疗师才能保证自己的理解是准确的，自己的技能是通过临床经验不断予以磨炼的。治疗师对可能发生的事情及来访者可能的所言、所感也有些想象的、预测性的共情。这些预测需要与来访者核对，以确定其是否准确。

在当前的关系中，来访者能做的是非言语的在场和言语的表达。我们有必要注意来访者如何以非言语形式呈现联系的类型，要知道在会谈中有轻松的时刻，甚至会有充满笑声的时刻。治疗师的工作是帮助来访者理解、安抚和关爱自己，并帮来访者修通。治疗师运用自己的情绪反应和直觉，选择一个关键的议题进行讨论，关注该议题足够详细的内容，以便让来访者的需求得到满足，同时对来访者的观点持一种主体位置的开放性，从而对来访者的观点有不同程度的接近。主体位置是指个体对他人的一种理解，即以他人的言语表达对他人的动机和对他人"世界地图"的理解，以及对他人价值的理解。个体对自己所形成的理解总是与他人进行核对，以便验证其准确性。主体位置对他人的开放性与客体位置对他人的封闭性过程有很大的区别，后者是对他人的观点做出跳跃式的结论、获得扭曲的理解。治疗师的责任在于引导，并实现一系列安全的会谈，让大多数不安全型依恋过程的人都能进入其中。当来访者以这样或那样的方式推动或牵制会谈时，或者治疗师给予来访者关爱时，会谈双方都能感受到情绪的发生。实践的基础工作需要做好。下面所主张的方法支持关系方面，即促进两种或多种意识如何在意义的世界中和在心理亲密的动机中整合，这种方法是贯穿整个咨询过程的。

实践的感受

从依恋的实证心理学来看，成功治疗的可能性条件和任何形式的心理健康服务，都需要理解来访者为获得帮助而向陌生人表达自己时会产生的困难。要使治疗叙事能够出现，治疗师及相关专业人士就必须运用技能使来访者在会谈中获得足够的依恋安全感。没有依恋知识也能实现成功的治疗。然而在后鲍尔比时代，更精确的理解已成为可能。弗洛伊德的精神–分析不是关于照料与被照料的动态，而是双方对基本规则的服从。患者（来访者）说出自己想到的内容，分析师（治疗师）对之保持自由悬浮注意，其中的关键是，患者（来访者）对记忆中的事件及其感性生活的真实讲述。心理痛苦的缓解可以通过以下方式实现：在治疗关系中将原始事件及与之伴随的情绪公开，使积存的心理痛苦得到释放，使创伤性和令人痛苦的事件在"谈话治疗"中得到理解。运用实证研究的结果分析儿童和成年人依恋为支持复杂而有挑战性的任务提供了进一步指导。具体来说，就是如何向来访者提供照料（关爱）和有形的被照料（被关爱）感。当来访者被认真对待时，他们会感到安全，所以应该可以看到他们放松下来并更自由、更开放地表达，因为他们的依恋需求得到了满足。

来访者可以在治疗师身上唤起一些情绪状态，这些情绪状态通常被称为反移情。然而，理解这些情绪的最佳方式是将其放回治疗师尝试给来访者提供帮助的情境中，这些来访者通常很难表达自己需要的帮助。就这个意义上而言，治疗师就像下水道工人或垃圾清理工。他们带走他人身上的垃圾，特别是在治疗各种暴力事件留下的创伤时，更是如此。一些来访者在治疗师身上唤起的情绪令人难以承受，然而，治疗师应对这些反应有足够的开放性，并理解它们，以便为来访者提供帮助。在这一点上，有一个有趣的区别，那些因为说得很少，或者不能表达自己的情绪，或者不想体验到情绪自我表露带来的耻辱，所以难以获得帮助的来访者和那些在治疗师身上激起压倒性情绪的来访者有很大的不同。对于后者，治疗师有可能也有必要感受到一些来访者的感受。当然，当治疗师在与家人、同事和督导的社会交往中寻求安慰时，其被唤起的情绪需要被以成熟的方式进行处理。

但在与绝大多数非极端心理痛苦的人群工作时，尽管来访者会因为心理痛苦感到尴尬和羞耻，但是能够创造安全型依恋过程的治疗师很可能会让来访者的自我感觉舒适。尽管来访者可能觉得难以说出自己要说的内容，但也会有一种流动感。治疗师与来访者建立好的联结，或者给予来访者恰当的回应，都会让来访者感到舒适和轻松，也可以表现出治疗师的接纳态度。在治疗中，对话是流动的，双方都能自由地表达。对治疗师来说，这意味着要专注于来访者述说内容所包含的意义，并能在当下注意到来访者述说的内容。在听他人说话时，最起码的要求是觉察到，对想法、感受、同理性想象、记忆等方面存在着情绪和内在的共鸣。

下面介绍的治疗中的依恋的观点是指治疗中的动态关系，一方面是来访者感受到的被照料（关爱）的程度，另一方面是治疗师能够提供的照料（关爱）的程度。当然，这些话题在治疗中是必须被讨论的，因为它们是改变的媒介。所以，简单而言，治疗关系是双方都要认识和讨论的对象，以确保来访者能够表达自己并得到所需的帮助。治疗性关系涉及话语中的转折，对话中的片段可能既包括言语的部分，也包括非言语的部分，其中非言语的部分具有很大的影响力。

个体敞开心扉接受他人的视角、情绪和认识，这意味着个体能够看到不准确的理解会带来的实际后果。实事求是地说，不准确的理解会导致效率低下、功能失调、与他人发生争执、合作失败。准确的理解能够在社交关系中得到证明，因为它通过谈判和真实的沟通达成双赢的结果。同样，准确的理解也会在精心设计的实验、合理的方法论和日常生活中的成功这些方面得以呈现。良好理解的内容可以确认准确的期望。不准确的信念在日常生活中会呈现相反的证据。明确的信念也可以在治疗中得到检验。爱德华·霍金（Edward Hocking）关于"那些起坏作用的东西不是真的"的消极实用主义，意味着对治疗和日常生活来说，不正确的理解会产生不合适的结果。霍金的意思是，不准确的理解会导致无益的行动，而准确的理解则提供关于治疗方向的信息。

根据实用主义的理性认识，准确的理解表现为对世界的效力。从实用主义的观点来看，不准确地理解自我需求与他人需求间的关系是产生痛苦的原因。然而，简单地区分理性与非理性并不是恰当的理解方式。理性的自我是指运用情绪来逃避实际上的危险或威胁，而不是在没有伤害的可能性时被阴暗、单纯的表象所惊吓。逃避自己所畏惧的东西是否为非理性的，这要看其元表征是否表现出真正的威胁，而不是仅仅因为没有真正的威胁而被错误地惊吓。概念化意向过程的价值就是在短期和长期的时间框架内，以不带价值评断的方式看待心理痛苦的运作。换言之，个体运用的理解越不准确，其心理痛苦的程度就越高。因此，在如何与他人、伴侣、孩子、家人和同事的社会交流中塑造和管理自我就成了问题。事实上，他们对真实情况的理解被证明是不合适的。当他们涉及理解他人时，尽管给予了对方充分的关注，但仍会不时相互误解。这就是准确的理解如此重要的原因。所有使用不准确的信念的人都只能误解自己所听到和看到的东西。善于注意细节就需要核对、解释推理并予以区分。通过这种方法，可以使来访者参与理解和核对治疗师对他们而言的意义。这就意味着，次优依恋和无组织型依恋是可以与来访者讨论的，尽管这不是技术性讨论，而是个人讨论，因此需要说的话可以当着在场的两个人说。

在总结弗洛伊德的立场时，还有一个更深层次的问题，因为他的理论著作没有凝聚成单一的、内聚的立场，因为它们反映出他对自己立场的不断反思，所以不能把它们描绘成是内聚的。在讨论他的思想的特定部分时，这里只做了简要的叙述。一个关键问题是如何理解意识与潜意识之间的关系。弗洛伊德有时确实关注意识现象，但在其他地方，他却拒绝现象，而倾向于理论。当治疗师注意到治疗关系中对双方都显而易见的意识现象时，为了理解弗洛伊德的基本术语，需要做一些修正。弗洛伊德明确指出，在正确的科学中，理论的"任何部分"可以在"其不足之处被证明的那一刻被放弃或改变而没有任何损失或遗憾"，因此，他赞同科学哲学的立场，如波普尔（Popper）的证伪主义，即把真正的科学主张的范围限制在那些能够被证伪的理论上。弗洛伊德的精神－分析的目标也是假设可以在其任何基本原则中被证伪。

但是，弗洛伊德在是否关注现象的问题上提出了许多自相矛盾的说法。有时他强烈反对关注现象，而赞成寻找人类行为所具有的生物学和神经学基础。他曾说，"潜意识的适当性"的"心理过程或心理母体"只能被推断出来，不可能被了解，因为它们从根本上是不可知的。这给他的听众留下了一个谜团。然而，心理动力学疗法的知识传承是，意义不应该仅仅从意识经验的标志物中解读。相反，需要将所讨论内容的部分和整体进行情境化，且所获得的理解需要被核对。心理学和治疗方法之间的核心共识是解读个体内部的心理力量，以诠释个体的情绪、选择、可观察的行为和言语。

结论

治疗的根本任务是让来访者能够回到生活的正轨。然而，每个人如何实现自我管理确实是多种多样的。弗洛伊德的开放倾听的实践要求对阻抗（一种抑制言语的社交焦虑）进行监控，使来访者能够参与到会谈中，并对自己的观点进行足够详细的解释。

　　弗洛伊德对现象的不信任与理解潜意识的需要恰恰相反，而理解潜意识的需要就是从对有意识的证据的关注开始的。从这个角度来看，意识意义、情绪和想象表征的潜意识来源均表现为形成习惯的能力（好的和坏的、功能正常的和功能失调的），并对人际关系的动态进行即时的情绪解读（无论这种解读结果是否准确）。动力潜意识既有解决问题的能力，也有制造问题的能力。弗洛伊德最初关注的是潜意识的动力，这意味着，在对立的两个心理过程之间存在着一种心理的动态互动。如果说由于任何原因而缺乏安全感和信任感，那么对那些目前遭受心理痛苦的人来说，由于一系列因果性的受伤经验，他们在生活中缺乏探索，而且形成狭隘的生活方式。

　　必须指出的是，尽管弗洛伊德在其文章中做出了科学的宣示，但在文章相邻的句子间也会发现一些令人困惑的表达："我们寻求的不仅仅是对现象的描述和分类，而是把它们理解为心智中各种力量相互作用的标志，理解为有目的性的意图，或者相互对立地发挥作用的表现。我们关注的是精神现象的动态观。在我们看来，被感知到的现象必须在重要性上让位于仅仅是假设的趋势。"最后一句话是一种不连贯的说法。如果一个例子的意义被与现象无关的假设的一般理解所改变，那么是毫无意义的。

　　事实上，如果为了理论假设而忽略了现象，那么这种立场就是反科学的。

　　治疗性矫正行为理论和依恋心理动力学中的治疗关系理论可以被清楚地概念化。如果治疗师仍旧是照料（关爱）者，那么他的目的就是为了使会谈安全，让来访者信任。"潜意识的沟通"这个弗洛伊德最初使用的术语现在被理解为被照料（关爱）者和照料（关爱）者之间当下每个瞬间的情绪性和关系性互动。这种治疗过程中的依恋动力不仅涉及会谈本身和参与者的感受，而且涉及双方对情绪的解读，即依恋的意义。

　　因此，即使没有言语，如果双方都有足够的直觉，那么他们可能会对与对方相关的情绪产生共情。从概念上解释的思考和对当前联结的情绪感受都会在双方的关系中发生。

第八章　依恋过程评估

本章从依恋的角度来探讨所有疗法的评估问题。下文将讨论治疗关系的双方都能在个体治疗中体验到什么。下面将应用前面的过程定义。评估性会谈是治疗师与来访者之间的第一次接触，也是看到、听到和感受到来访者求助时被激发的反应的黄金机会。下文所述的依恋在评估中出现的某些方面还没有经过实证检验，若能得到实验的支持，则是锦上添花。在对来访者进行分诊时，需要讨论和商定几件事，首先是对自我和他人造成伤害的风险，然后以阿伦·贝克（Aaron Beck）所称的"合作经验主义"（collaborative empiricism）的方式与他们一起工作，以确定优先处理事项。但是这种方法始于弗洛伊德，他对工作的态度有助于建立起一个强韧的治疗联盟，并使追求任务成为一种协作的努力。合作还包括能够对构成心理问题和人格倾向的重复心理过程提供心理学解释。治疗师与来访者合作包括在评估阶段就向他们解释与他们合作的过程会带来什么。这样就可以避免来访者可能出现失望和抱怨情绪，避免出现本该完成的事情没有完成的情况。对评估和疗法的不正确理解会增加来访者失望的可能性。一般的趋势是，一种依恋过程会被过度使用，自我认为一些表征是自己不够好、不可爱，是无药可救的，甚至是羞耻的。

通常认为，经过讨论后，来访者会采取行动，在没有提示的情况下自己做出改变。但有时候，大家都很明白自己的问题，却没有开始改变。如果治疗的目的是来访者主动改变，而改变并没有发生，那么会谈就会变成僵局。但治疗有两个层次。有只会解说的治疗师，也有用解说来引导双方就约定的问题进行定向讨论的治疗师。虽然治疗师可以给予鼓励，但有很多事情是他们无法为来访者做的。来访者要想做得特别好，通常要从他们为生活中想要的东西负责任开始，并朝着这个目标努力，坚持不懈地推动，只有这样，改变才能发生。自我管理的生活方式发生改变就像其他类型的目标一样难以实现，因为它需要来访者坚持不懈和具有灵活性。在逆境中，令人满意的依恋关系需要不断维持。治疗师可以根据收集到的信息进行概念化并描述因果关系的表征，并通过与来访者核对而检验其准确性。只有会谈的结果是可以实现的，双方才可以达成一致。如果治疗师对结果过于乐观，就会导致从一开始就定位于无法实现的结果，因此治疗会使来访者失望，从而进一步挫伤双方的士气。

在明确理解一个人的依恋过程中可能会有相反的方面，这些在个体的人生历程中有所体现。一个人可以表现出一种或多种依恋过程，并在同一治疗关系的不同阶段中短暂呈现不同类型的依恋过程。如果他们在生活中遇到严重的压力，或者在日常生活中功能低下，他们可能就会感到无法工作，甚至逛街或照顾孩子也有困难。或者他们面临的重大问题是与伴侣的关系。如果人们接近情绪枯竭，他们往往会表现为情绪低落或焦虑、抑郁。

评估的重要性

评估的目的有很多。其一是，如果从反面定义，评估的目的是防止对已经受伤的人造成进一步的伤害。如果来访者在治疗结束后说"治疗失败了，现在没有什么可以帮助我"，或者"治疗让我整个人都散了，又没有什么办法可以把我整合起来"，那么治疗导致的问题就产生了。这样的治疗给来访者造成巨大的压力，因为来访者很难没有负担地真诚表达治疗对其没有帮助，治疗中所讨论的事情是让人感到非常痛苦和羞耻的，而且对一些寻求帮助的人来说，是感觉没有解决办法的。作为一个安全的照料（关爱）者，这样的引领角色意味着治疗师要了解行动可能产生的后果，当来访者能够了解心理痛苦的可能性时，其失望就会在可承受的范围内，而提前知道自己在治疗中可能经历什么会让求助动机不强的来访者变得更有动力。对于来访者可容忍的心理痛苦的极限，治疗师需要结合来访者自残和自杀的诱发因素，以及其他防止其基本功能崩溃的方法来讨论。我们预期自杀和自残的风险在会谈期间应有所降低。评估阶段应该对一个人在基本自我表露方面的表现及能否在整个会谈期间保持这种表现做出一些估计。下面就安全型依恋过程的人可能出现的特殊类型的问题如何解决做具体阐述。

评估阶段是为了在合作性治疗工作开始之前先提出一些建议并对之进行讨论。这些建议可能是现在合适或以后合适的某种形式的帮助，可能是因为某些原因目前没有合适的心理帮助形式。治疗师在评估治疗中应指出，具体的来访者可以从自己提供的帮助中获得哪些收益。评估建议应指出，根据依恋治疗的证据基础，什么样的治疗最能够帮助来访者，而不论由谁提供服务，并告诉那些无法从治疗中得到帮助的人所以如此的原因并提出进一步可以帮助他们的建议。以下是处理重复出现的问题关系类型的几点意见，这些问题可以在第一次会谈或前几次会谈中确定。把人际关系问题说清楚主要是为了避免、尽量减少或处理好当前的会谈问题。虽然有访谈和评估记录，也有来访者填写的自陈式问卷，但此处聚焦于评估的意义在于着重强调来访者要觉察到治疗中会发生的自己对治疗师的依恋过程。从来访者的角度来看，不得不与陌生人见面，如实说出自己的事情，往往会让人感到焦虑。有的人在治疗中甚至情况恶化，这是一个可悲的事实，如果在评估阶段不能确定这种可能性，便不总能防止其发生。如果来访者有一些不切实际的期望，这些期望需要在评估时确定，而不是在治疗中才确定。这样做可以防止给治疗设定不切实际的、无法实现的目标。

治疗师在前六次会谈中进行全面评估是为了准确了解一个人的改变动机及其可能罹患的障碍。在必要的情况下，治疗双方必须对令人苦恼的事情进行讨论。在进行额外评估时，治疗师应明确说明为什么需要这样做。治疗师需要告知来访者可能暂时不能进入正式治疗的原因。例如，"这可能不适合你，因为你……"，或者"因为你发现………让你很痛苦，所以也许详细地谈论它可能对你来说太难了。"这些结论也可能基于来访者的非言语性表现。例如，来访者看起来闷闷不乐、不信任、不愿意谈论深层的情绪议题，然后突然说起从未与他人讨论过的深层事务，这就表明来访者对自我表露充满了矛盾，可能会在自我暴露的过程中遇到阻力和体验到羞耻感。会谈的重点和处理问题的顺序需要在初步分诊后讨论并达成一致，首先是伤害的风险，然后处理一系列优先事项，治疗师需要为治疗提供结构化的治疗，尤其是在最初的几次会谈中。但是，如果来访者没有危机，也未罹患抑郁障碍，那么治疗师就可以决定从哪些方面着手工作了。

如何评估

当来访者第一次来的时候，他们就需要被告知保密例外。在征得来访者对评估的同意后，一个可能的开场解释是："让我们看看什么对你最有帮助，不管是什么都可以说。"另一种对新的来访者的解释是："我想让你明白，对你有帮助的治疗方法——如果我们评估后确实存在——可能同时也会带来一些你不喜欢的效果。对大多数人来说，谈论自己的问题，可以帮助自己更好地理解自己的问题，减少心理痛苦。然而，对一些人来说，情况却不是这样的，他们在治疗的过程中感到难以承受。如果这种情况发生了，有人因为心理痛苦而无法工作、购物或照顾孩子，那么这种让人感觉更糟糕而非更好的帮助就不是我愿意提供的。"额外评估意味着在开始治疗工作之前讨论复杂的重复性的关于依恋的问题、人格和其他问题。在每次评估性会谈中，与来访者设置一个明确的议程，并按照约定的内容开展工作，这样，会谈的价值就会得到体现，因为来访者的问题会明显地被重视。明确提供会谈的次数，并商定要讨论的内容，并在完成商定会谈次数后再进行有关后续会谈的协商，这样就会给人一种控制感和协作感。任何关于所提供的治疗工作的抱怨、冲突或分歧都需要被纳入会谈，因为如果来访者不愿意继续，治疗可以中止，治疗师也有权不提供他们认为触发性的和伤害性的内容。必须指出的是，那些来求助的人很可能已经感到痛苦、失望和愤怒，难以被帮助了。

治疗师应在面谈前明确取得知情同意、获取病史、明确使用的治疗技术或治疗工作的方式等，目的在于促进伦理安全。治疗师的主导作用包括回顾面谈的质量。例如，在第六次会谈时，建立基础规则，以促进在后续治疗中形成安全型依恋过程。治疗师用自己之前已获得的临床经验、指导性观念和感受来指导治疗，了解什么是帮助这个特定的人所需要的。但是，当会谈无效时，治疗就必须停止，且治疗师和来访者需要合作讨论如何进行。在治疗中，治疗师需要做出冷静而成熟的修正性反应，这要求其注意力和行动同时关注于自己和来访者。治疗之间的行动和反应是相互的，所以治疗师不应急于下结论，并就自己做出的对来访者生活的洞察与他们进行核对。对治疗关系中遇到的困难，治疗师可以做出成熟的应对：询问反馈，避免来访者脱落；涵容抱怨，预先管理对来访者缺乏理解的情况，以免这些情况对治疗关系产生破坏性影响。因为治疗的所有努力都是建立在关系质量的基础上的。有效而坚定的言语沟通来自治疗师与来访者之间的口头沟通。治疗师在适当的情况下发挥引导作用，并通过讨论，为干预措施获得知情同意。引导的角色意味着提前看到可能出现的僵局，并在会谈过程中避免这些僵局的出现。

如果治疗师对来访者在会谈之外的时间里感到心理痛苦时能否照顾好自己心存疑虑，那么可以提出一些合作性的问题：“我不确定我做……是否可以帮助你……关于这个，我们可以做些什么呢？”或者可以寻求来访者的反馈：“今天你跟我谈……的感觉怎么样？”在早期的会谈中，治疗师通过提出一些更概括的问题来寻求来访者的反馈更有帮助：“你对我们的会谈有什么感觉？”“到目前为止，你对我们的会谈有什么感觉？”“你希望自己生活中的什么被改变？”当来访者对接受一些事情有困难时，治疗师可以问：“关于那件事，你能接受的是什么？”治疗师可以通过提问了解来访者的希望和恐惧是什么：“你对治疗的期望是什么？”这对预防来访者产生失望是有效的。来访者的不满和抱怨需要在治疗中被提出来才能得到解答。另外，治疗师需要对目前已经掌握的内容与来访者进行核对，也需要对大量的定性信息进行总结。结束评估的一种方法是，治疗师询问来访者是否可以继续进行治疗："如果你对治疗有什么问题，都是可以问的。如果我们在这里做的事情或说的内容有任何你不喜欢或不理解的部分，那么请第一时间告诉我，我们可以讨论。"以下将阐述如何对焦虑型、回避型和无组织型三种依恋过程的来访者进行评估。具体来说，阐述焦虑型、回避型和无组织型依恋者在前六次会谈的评估阶段会出现的感受，以及在会谈的评估阶段会有哪些具体的表现。

焦虑型依恋过程与短期挫折和持续的心理痛苦有关

在会谈开始前，来访者会想象与治疗师见面是什么样子的，在最初的几分钟里，他们会担心自己自我暴露后会得到什么反应。他们一边在焦虑的心态下想象与一个陌生人见面的情形，一边需要说出自己生活中最深的一些伤痛。因为来访者在见面的最初几分钟内会有这种惶恐的感觉，因此，他们如何到达诊所、如何被接待人员接待就可能是让他们安心的重要影响因素。在这种情况下，最常与焦虑型依恋并存的问题是，在两种矛盾力量的拉扯下，个体一方面试图把握他人，使其与自己紧密联系，但在怀疑和批评的驱使下又会做出相反的行为，即把他人推开。如果来访者对自己的行为持高标准，而自己又未达到这种标准，那么随之而来的是恶性的自我憎恨和羞耻，对那些会进行强烈自我批评的人来说，他们会因此走向自残和自杀的道路。当人们在明显的焦虑、偏执或害怕的状态下接受访谈时，治疗师需要在两个方面之间取得微妙的平衡：一方面是需要足够亲近，以便进行必要的访谈并与他共同做出决定；另一方面是了解他们的担忧。

焦虑型依恋过程具有两个阶段：来访者先是拉近与治疗师的距离，然后是推开治疗师，拒绝其帮助。这就自然产生了阻抗。在最极端的情况下，来访者拉近距离时双方过于亲密，而推开治疗师时的力度会让人感到震惊。治疗师为他人的需要而努力工作，却被指责做得不够，这的确令人感到愤怒和委屈。焦虑的来访者也可能会因为在会谈时感到压力过大而对治疗师的非言语呈现产生不良的移情，也可能会难以记起会谈中治疗师的言语表达。与他们一起制定问题清单是一个很好的开始的方法。持久的情绪及恐惧和焦虑状态的存在可能表明焦虑型依恋过程的个体在其与他人的关系中占据主导地位。

思考哪些具体的来访者会觉得被安抚和安全是很有意思的，因为过度使用焦虑型依恋过程的人很可能会让自己心烦意乱，有轻度偏执的信念，也就是不知道如何克制自己，很可能会让焦虑的情绪放任自流。来访者一开始可能是诱惑性的，最后可能会以言语攻击、妄想信念或暴力威胁等方式结束。如果以前的治疗方法已经引发了来访者的妄想、妄想症或暴力威胁，那么就不应该为其提供更多的治疗。有些来访者有强烈的需求，想一下子向治疗师表达自己，但他们很可能会从缓缓的自我披露中受益。帮助他们的座右铭是"缓慢而稳定"。为固定次数的会谈商定固定数量的话题，并在每个话题上获得一些实际的改善，这为坚持不懈的努力设定了一个可以实现的节奏，并在一开始就有了一个明确的约定方向。

若来访者一方面有强烈的求助愿望，一方面又对治疗师所提供的帮助提出强烈的批评，则他们很可能存在焦虑的依恋过程。这种双向运动似乎会在治疗师尝试提供帮助的过程中让来访者感到纠结，因为来访者总会发现治疗师提供的帮助有些问题。这些问题通常包括进展太慢、帮助不够、针对性不强、会谈时间太短，诸如此类。当治疗师注意到来访者向自己提出的需求及其提出需求的方式时就会发现，尽管来访者的需求很迫切，但自己还是有必要适当地反思这种焦虑，反思其焦虑的到底是什么。在家庭治疗中，如果有一个确定的"病人"，而且家庭成员都坚决地把矛头指向这个确定的人，自己对于心理形成的影响却毫不考虑，这一点就体现得尤其明显。

在焦虑型依恋过程中，人们到达的是一般的焦虑。对治疗过程的焦虑是存在的，因为很可能有很多人抱怨前任治疗师，指责他们的治疗效果不好，没有达到预期，即使客观上治疗师的治疗质量很好。如果来访者有愤怒和焦虑情绪，那么心理治疗师需要谨慎、妥当地处理。这类来访者首选的防御方式是要求或控制，试图控制治疗本身，因为他们预期治疗过程中会有危险和消极因素。甚至在第一次约见之前，第三方会在电话或来信中表示，尚未谋面的来访者不可能讨论某些事情（如童年时期发生的事情），只有提前答应他们这些，他们才会来治疗。或者他们会提出特殊需求，如要求来访者在治疗期间需要有其他人全程陪同。焦虑型依恋过程的人表现为过度的自我暴露，以及谈论棘手问题时有压力。例如，即使在会谈之前，也要求"必须给予保证"，这样，对被拒绝、被遗弃或谈论其他话题的明确担忧，就会被添加到已经长长的心理痛苦清单上。当言谈中表达出很多焦虑时，对担心的言语表达及对可能发生的事情的沟通，都会被他们与实际发生的事情混为一谈。从这个意义上来说，会产生新羞耻感的担忧，促进他们对这种体验加以回避。这样，相对于积极的体会，焦虑就维持了消极的自尊。会谈中明显紧张的人可能会请求允许他们停止治疗。或者他们可能会不谈他们之前说过想得到帮助的话题。或者他们同意谈论一些事情，但当他们试图这样做的时候却偏离了主题。

在来访者的治疗中总存在一种可能，即如果他们的羞耻感未被减少或开始被自己所接受，那么他们可能就不会再接受治疗，自然也不会得到他们原本期待的治疗服务。所以，治疗师需要以一种非威胁性的方式，巧妙而直接地邀请来访者表达自己，尽管来访者有意识地抑制情绪（是其阻抗和防御的一部分）。因此，治疗师不完全迷失在来访者所讲的内容中，才可以在实践中提高自身对他人及其意义的认识和敏感度，并为来访者在谈话技巧和态度方面树立榜样：即使谈论最敏感、最令人不安的话题或最微妙的形式表达，也能以慈悲的态度来评论自己的意义、情绪和意图。这种敏感度和回应性对治疗师或心理健康工作者而言至关重要，包括可以自由地根据情况随机应变，因为不可能事先知道每一个转折和细微的变化。

另外，具有不安全型依恋过程的人的表现还包括迟到、治疗中没有可以进行工作的内容、非言语性的愤怒、态度平淡、闷闷不乐、尴尬、拒绝说出自己的感受等，还包括语气中充满批评、恼怒、防备，并对治疗师或治疗过程发表拒绝性或批评性言论，并坚持不懈地转移话题，不谈约定的议题。当治疗师觉得自己在治疗中好像真的很努力，常常猜测来访者的感受，并把这句话反馈给来访者的时候，治疗师就该暂停一下，不再那么努力地工作，而是明确地指出这一点。

如果某人在前 12 次会谈中连续性地紧张，而且只得到小的改善，心理痛苦也几乎没有减少，或者理解力和幸福感也没有增加，那么他就没有从治疗中获益。这样他们就很可能会停止治疗。如果某人觉得自我暴露可能会让人感到不安，而又不觉得心理痛苦有所减轻，那么他可能会要求减少就诊次数，或者取消预约。如果他对自我暴露高度不情愿，在会谈中高度焦虑，那么他可能会觉得治疗没有价值。对这种可能性，治疗师应该预先与来访者进行深入明确的讨论，以确定如何处理。

要想保持来访者正常参与治疗，最好的办法是正面处理这类事情。当然，做好基础工作并不单单是为了保证来访者前来治疗。治疗是让来访者有机会通过应对心理痛苦而学会耐受和减少心理痛苦，让自己有足够的实力去承受心理痛苦。为了避免出现来访者不规律参加治疗的情况，治疗师需要在评估时就考虑到这种可能性，并明确讨论，以获得来访者的承诺，或者在开始之前就应该实施先导性的治疗计划，促使来访者规律参加治疗。

还有一种可能是，来访者开始想得到帮助，开始谈问题却导致其逃离，因为谈问题为他们带来了意想不到的心理痛苦，所以他们在会谈中间就想离开。这些来访者在说起自己的生活时引发的感受会让自己感到很意外。所以，放松的治疗师除了能够准确地进行共情外，始终关注来访者的情绪交流还有一个好处，那就是基本部分被注意到了。例如，来访者对会谈有大量负面反应很可能说明他们正处于不安全型依恋过程中，导致对需要评估的材料有所保留，这就存在突然脱落的可能：即使没有不满和抱怨，也没有表示出担忧和疑虑，但来访者就是不再来治疗，也不回复来信。

回避型依恋过程是个体建立自我约束和处理缺乏联结的尝试

回避型依恋过程的个体对命名和感受心理痛苦的工作有不同程度的准备不足。来访者可能还没有准备好开始治疗，对治疗师信任度低。来访者需要慢慢来，因为他们不喜欢感觉到心理痛苦，治疗本身可能会让他们感觉到危险和失控。如果来访者告诉自己，一定不能感受到某种特定的心理痛苦，那么在治疗工作中由于各种因素的影响而进入触发性的情境中并开始感受到自己害怕的东西时，来访者就可能会不知所措。当感觉有阻碍的时候，它就会成为来访者接受治疗的主要障碍，因为来访者必须自我表露才能得到帮助。如果其他问题没有被表达，那么来访者就不会得到帮助，而治疗师则无法看到大局。治疗联盟是对来访者"放下防御、让他人走近自己内心世界"能力的一个重要衡量。在回避型依恋过程中，来访者可能会以每周一次的频率继续接受治疗，也可能要求减少频率，也会在治疗过程中体验到心理痛苦，以至于在谈及痛苦的话题时难以获得改善。显然，从一开始，来访者就必须自我表露，这就是麻烦的开始。要接受治疗，就必须遵守设置。被他人好心送来接受治疗的人在会谈停止时感到解脱，因为承受那么多的心理痛苦对他们而言实在太可怕了。

由于压抑及解除压抑的现象涉及交流的缺失和对有意义的痛苦的诠释（当有好的理由时），因此与其他类型依恋的动力学相比，回避型依恋过程的问题表现为相对缺失。在极端的情况下，压抑表现为不注意躯体意识和情绪感受，而这些是人们潜意识的呼救方式。压抑发生在这些情况下，有些东西弱弱地浮出水面，却被其他的关注扫到一边。也有可能在其他的时候，压抑被解除了，令人震惊的强烈的心理痛苦得以爆发，从而以发脾气的方式表达出来，而这些发脾气的方式却与个体对如何做人的看法相悖。这些都属于压抑的整体现象，当来访者出现身体感觉或情绪感受并被直接问及时，他们可能会予以否认。这给访谈者带来的问题是，来访者简短而温和地表达对其生活产生了很大负面影响的事件，似乎它们是一些几乎不值得关注的小事，这会让访谈者（或治疗师）形成错误的印象。诸如"爸爸打了我，但他现在成熟了很多"这样的表达方式是典型的否认虐待行为的表现。伴随压抑的有述情障碍、无法为情绪命名、不喜欢讨论情绪、被动地体验自己的感受。由于他们没有明确地说出自己不喜欢心理讨论，因此，他们会觉得自己是被迫参与其中，但对心理讨论有强烈的抵触情绪。这是因为，任何有意义的心理话题的披露都会被其视为软弱、愚蠢和危险。有时来访者会明确宣称"说了也没用"（对此，最直接的回应是询问"你预期会发生什么"）。但是，当来访者对自我的表征能力有缺陷的时候，准确的共鸣能力也会出现问题。

自我表露的另一个方面是指自我表露在人际关系中具有适当影响的能力。不安全型依恋过程和无组织型依恋过程包括不自信的形式。其后果之一是，个体不自信的倾向意味着其核心问题可能无法被表达。对来访者来说，工作中的假设是，任何情绪都可能会令其感到羞耻。有时，回避型依恋过程的人一般表现为不愿意讨论任何心理或个人的事情，并试图阻止心理痛苦。但非言语性的信息往往会透露出其痛苦，因为身体活生生地持续进行着非言语性的表达。当羞耻的话题被讨论时（而且他们总归会被讨论到），其后果就是来访者因为自尊心受到威胁和干扰而感到被暴露和不舒服。会谈中的其他非言语线索可能是，来访者看起来就像戴着面具一样，面无表情，或者是戴着愤怒的面具，这一切似乎是掩盖脆弱的保护罩。这个意义上的脆弱性是人格的一部分，平常是潜在的，只有在综合征发作、人格功能下降、依恋变化等压力情况下才会被引发出来，如来访者因此无法工作或外出购物。然而，不愿意自我表露是治疗中普遍会遇到的一部分，也是亲密关系的一部分。当它是回避型依恋过程的一个方面时，不愿意表达必须谈论的东西就会成为以下这些情况的动机，即脱落、减少会谈次数、迟到，或者虽然参与治疗，但在会谈中无话可说而只是提出许多问题。另一个回避型依恋过程的迹象是，有人经历过可怕的攻击，但在谈及这些攻击时却明显地表现得面无表情，仿佛没有感受到任何情绪，更谈不上表达情绪。尽管他们在童年和现在的生活中有着大量恐怖的经历，但在会谈中他们却没有什么可用来讨论或作为治疗对象的地方。

因为在治疗会谈中不激活依恋需求的人是不愿意敞开心扉、不愿意讨论自己的心理痛苦的，所以治疗师有可能过早地结束治疗，但任何忽视需求者或不当对待需求者的倾向，都是值得被关注的。治疗师对来访者的主要态度应该是照料、回应、做出言语行为（用以调节情绪、监控治疗关系）。如果治疗师实际上是被来访者"解雇"了，或者在会谈结束时感觉自己被"解雇"了，或者来访者对治疗师说过的话或做过的事情予以拒绝或提出批评，那么这些就需要被予以明确，以便公开谈论。"你对……的轻视对你有什么帮助"这样的询问是一种很好的打开话题的方法。还有一种可能是，即使治疗师做了很多积极的工作，在会谈结束后，治疗师依然会被"解雇"，而治疗师却觉得自己和来访者很亲近。如果来访者在最后一次会谈结束时匆匆起身，且临走时面无表情或不屑一顾，没有一句感谢或告别的话，这说明他们从来没有感觉在会谈中发生的事情对他们来说是一种积极的力量，而是一种需要忍受的东西。

帮助处于回避到依恋过程中的人的一种方法是赞赏他们的自我表露，并询问他们的感觉，以及他们是否可以接受。这在前六次会谈每次结束时，都应该进行，无论他们对待所讲的事情看上去有多放松和平静，治疗师都应该这样做。在谈及一些他们可能感到羞耻的事情后，治疗师应询问他们是否感到过分暴露，这样做的目的是化解来访者谈论这些事情时可能加深的心理痛苦，而这些痛苦并没有明显的外部肢体语言呈现。如果一个回避型依恋过程的来访者对某件事情有强烈的感觉，那么他可能会以言语和非言语的方式温和地表达出来。当来访者很明显对自我表露有阻抗，情绪受到抑制，害怕负面的判断时，治疗师需要放慢工作节奏，以适应来访者处理心理痛苦的能力。显然，治疗师需要减少治疗工作对来访者造成的任何压力效应，而且需要放慢节奏。来访者的压力来源可能有很多；自己如何呈现相关事件，第三方（如其他家庭成员）

可能会给不愿意参加治疗的人施加压力。对于让回避型依恋过程的来访者喘不过气来的事情，治疗师有必要帮助他们表达、沟通并能够耐受它们。这可以通过以下方式来实现：治疗师可以指出，在接下来的会谈中，来访者需要进行自我表露，在讲述关于自己的内容时，他们会感受到原来的事件带来的心理痛苦，但这个过程是有意义的，因为这可以让来访者对所述事件获得新的理解，让来访者对紧抓的痛苦放手从而得到情感的解脱，最终让他们变得更加轻松和自在。在回避型依恋过程中，有些人的自我表露是有实际限度的。也许在治疗过程中来访者会拖着不谈某些具体的话题，以至于没有足够的时间对这些话题展开讨论，他们可能就没有足够的时间来谈论一些可怕的事情了。即使来访者的心理痛苦从非言语表现上看似乎消失了，也要为结束治疗充分做好准备，以防来访者虽然感受联结，却感觉其是不能在言语和非言语交流中表现的。治疗师在休长假前，需要提前告知来访者并进行充分的讨论。

成年人无组织型依恋过程

对治疗进行概念化是精神 – 分析诠释学的当代版本。治疗师可以明确用言语表达的方式来诠释来访者重复的心理痛苦及其解决方法，最终就影响来访者心境和自尊的主要因素做出概念化，这些都可以在会谈中来访者参与的情况下当面完成。无组织型依恋过程的成年人身上最明显的方面是，尽管他们有伴侣或孩子，但在谈及自己的问题时，他们依然感到痛苦，且他们也很难从痛苦减轻、自尊提升、情绪好转中获益。如果个体展现出来的诸多问题是源于其无组织型依恋过程，那么他们可能无法从谈论问题带来的改善中获益，也可能无法持续接受治疗。处于无组织型依恋过程中的人拥有很多有害的行为，而且它们持续几十年，如赌博、吸毒、酗酒、吸烟、情绪安抚性进食、不安全的性行为等。这些可以被理解为自我的不同方面同时存在且都在寻求某种形式的表达，尽管在"渴望这些行为"和"被认为是最核心的自我的那些方面"之间可以感觉到张力的存在。一个职业为公交车司机的男性，白天都理智地驾驶，而在夜里想自杀的时候却会鲁莽驾驶，这表明他对自己有两种截然不同的感觉。而一个自称"猪""脑残粉""猥琐女"的女性对自己有三个截然不同的表征，只是每个表征对她来说都没有什么意义。许多个体都有一个共同的问题，那就是自我的各部分之间缺乏整合。无组织型依恋过程的来访者会把讨论的话题转到更沉重的事情上，对一个问题的回答可能完全是另一个问题的答案。这可能显示其倾听能力差，或者表明其注意力已经转移到了其他地方。如果来访者将对话转到完全不同的话题上，那么治疗师需要对此进一步探索。如果会谈中来访者提到的一些事情不能被说出来，那么这种戏剧性的一闪而过表明整个故事被省略了。

来访者的问题发生在容易不知所措、离群索居及各种（对问题的）应对方法中，这些方法可能包括离家出走、抛弃他人，以及把自杀当成理想化的逃避方法，或者当成分离、心理痛苦和羞耻的最终答案。这个问题是人格各部分整合时以动态的方式向不同的方向拉动，所以自我与自身各部分的不同关系就让羞耻感、自尊心、自我憎恨感随之而来。如果个体在平时的一周内有大量的解离体验、幻觉或妄想，那么其睡眠质量差和担心可能发作也可能是一种原因。担心的理由可能是施虐者已经发出死亡威胁，或者扬言要做出严厉的攻击。来访者的这些问题将受益于治疗师明确声明自己会帮助来访者感受到安全的方针策略，一些技术可能会对让来访者感到安全有帮助，如安全岛、富有同情心的形象，以及看到来访者个人经历中得到的善意和关怀。这类技术在会谈实践中以确保正确的方式实施也会带来帮助。其他的技术可能是如何开始反思无法控制的闪回、噩梦、反刍和忧虑等当下的过程。来访者能够开始关注问题并积极地回应，而非完全沉浸在体验中，不加反思地推动问题的发生，这是一种学习的方式，可以为当前（迷失在感觉到强烈痛苦中）的心理习惯设定限制。

如果在闪回、噩梦和创伤诱发的精神病中出现的主题是强奸或身体攻击，那么以下的干预方式可能有助于提高来访者的安全感，并表明他们对自己的感受有一定的影响力。在这种情况下，来访者会感觉自己与当前的知觉现实脱离了联系，因为过去的现实不断地侵入，其影响太大，让自己无法处理情绪。以下几点可以在这个时刻帮助来访者冷静下来。

- 视觉——手机里存储的照片，记录的是一件快乐的事，一个安全依恋客体或个人成就。
- 听觉——鼓舞人心的、令人振奋的音乐。
- 动觉——愉悦和放松的触摸，各种呼吸、运动和放松练习，以便调动活生生的身体感觉参与治疗。
- 嗅觉——最喜欢的气味，如新鲜咖啡、新鲜面包。
- 味觉——香草蛋挞或茶的味道。
- 概念——对未来成就做简短正面陈述并作为座右铭。
- 记忆——可以作为自尊标志的个人最佳表现。
- 预期——重申一个人在生活中想要什么，以此来表达他觉得自己活着的目的。

有时，这些技术是在会谈中的，但也有一些技术是需要商定在两次会谈之间来访者要完成的家庭作业。这些作业是应治疗师的邀请要完成的，可以包括一些活动，如写下一些东西或实践一些确定的技能。家庭作业的目的可能是收集更多关于来访者的信息，或者要求来访者练习更有自信一些，或者是让来访者参加一个接触暴露。

如果来访者缺乏个人资源，治疗师可以请来访者制订一个五年康复计划并鼓励其为实现渴望的目标而持续努力，这是很有帮助的，可创造来访者对他人和自我的慈悲体验。可以将一些正面的言论作为来访者的座右铭，这会凝聚其努力，肯定其创造一种积极的生活方式的长期渴望。治疗师可以问来访者一些简单的问题，例如，"你需要什么东西来让你的生活变得更好一些。"或者已故的亲人如果希望来访者能得到一些积极的东西，这也可以作为积极的资源。心灰意冷的人往往会认为自己的人生中从来没有过正面的事件。

如果个体在童年时期有过多次被强奸的经历，而成年后来访者在会谈中呈现出情绪缺失、情绪低落、对积极事物的感受能力差，那么可以认为他们言语上或表情上缺乏生动表达，是在过去家庭和教育背景下形成的一种应对。他们将明确而正当的羞耻和愤怒刻意忘却则体现出其丧失了自信和外向的沟通方式。当创伤发生后，若缺乏关于创伤的非言语和言语沟通，则羞耻感和愤怒感的缺失是很明显的。情绪原料的缺失可能需要辅以图画或其他一些方式，以帮助来访者表达过去发生的事情，如戏剧、文字等。这可以包括以下内容。

- 治疗师与有自杀和自残倾向的人一起制订书面的个人危机干预计划，这表明治疗师认为，他们可能死亡这件事值得关注。治疗师认真对待来访者哪怕很简单的行为，这些行为可以帮助他们缓解心理痛苦。
- 如果来访者听到强奸者的声音告诉他们闭嘴或去自杀，那么治疗师让来访者得知那是幻听就会增强他们的自我意识和自尊心，使他们受益匪浅。
- 有计划地度过充满积极情绪和活动的一周，有助于来访者增强自尊心，改善其情绪和功能，并对来访者起到保护作用。

如果个体在生命中曾经历大量的丧失和创伤，那么会导致其更可能出现毫无目标、多次过量服药及与自我需求失去联结的情况。在自杀者中，有一类过量服用药物的来访者，他们是以生命为代价在"玩火"，而非坚定、持续地试图尽可能从丧失与创伤中恢复并成长。如果是这种情况，来访者可能已经放弃了对自己的责任，而是用自己的生命在玩俄罗斯轮盘赌。这种做法与治疗是相悖的，需要在无法保证成功的紧张工作开始之前解决。照顾好自己最重要的资产（生存和享受生命的基本愿望）对他们来说遥不可及。

有问题的求助请求

本节讨论的是在这些情况下，提供治疗的道路并不平坦。这些叙述希望通过依恋的视角来看待任何形式的心理服务，为其勾勒出一些轮廓。在最初的几次会谈中，来访者如果有更强烈的焦虑或抑郁情绪，出现新的症状，或者遇到与以前相同的问题从而导致多次治疗无效，治疗师就需要在评估时对过去的治疗方法开展全面的分析，以尽量减少重复无效治疗的可能性。这里要重点分析的是那些已经提供的治疗不够有效的部分，这些不满可能来自咨访任何一方，因为在个体治疗或其他类型的心理健康工作中，双方不满的对象都是心理健康工作的过程，所以本节将指出支持依恋解释的另一个维度。来访者的经验证据完全是他们自己的材料，他们把这些材料带入每一种亲密关系中，所以其观点无法不偏颇。而且，仅仅因为一方是有 30 年实践经验的专家，另一方却是有 30 年长期心理健康问题的来访者，并不必然意味着来访者对治疗师的想法和感受背后意图的看法一定是错误的。尤其是当来访者把治疗师一时的厌恶、惊讶、震惊的非言语交流当成对自己的负面评价时，这一点尤为明显，但这也并不意味着他们的每一个印象都代表治疗师的真实意图和感受。事情的真相存在于这两者之间，且在某种程度上无法笼统地予以说明。就目前而言，对于不同的来访者，有证据表明，如果一个来访者对以往的不同治疗师和不同心理健康服务机构有同样的不满，那么这是来访者的模式重复。据此，我提出如下两点。第一，尽管不知道确切的结果如何，但建议来访者继续治疗应该是有效的；第二，如果治疗师发现来访者在治疗中情绪、自尊心和功能变差，那么就不能建议其继续接受治疗。即使咨访双方都同意某种疗法具有实证证据，可支持其有效性，来访者仍可能拒绝参与其中，因为对他们而言，治疗需要提供的内容和咨访双方的接触方式是种失控。至于什么是真正有效的治疗，在实际的临床环境中仍是有待商榷的一个问题。

然而，有一小部分人在进入治疗时有很大的困难，也难以利用在治疗中所提供的帮助。治疗关系的整体质量是最重要的，因为任何技术的使用都是由于治疗关系所提供的力量和支持才能进行。有些人在几十年内接受了多次治疗和心理服务，却只有很少的改善，甚至没有任何改善。而拒绝出院的人可分为两类：一类表达不满足是为了继续留在医院，另一类则是要求院方提供一些特殊的治疗。然而，即使治疗继续，这种治疗也可能永远被感觉为不足够好，或者说支持和激励的力度不够大，从而无法实现令人向往的改善。这其中似乎具有当时提出的焦虑和回避策略的特点，因为治疗师与来访者保持一定的距离，但又足够接近，以保持最起码的持续接触，从而满足来访者的需求。答应来访者对治疗师而言是最容易的选择，然而这并不是对治疗师所提供帮助的合理利用。如果干预对来访者没有明显的好处，治疗师就会感到一种不情愿和怨恨。当治疗师知道来访者不会发生积极的改变时，帮助这样的来访者可能会使治疗师感到沮丧。

　　近年来，我们可以看到的是，不管是什么流派的疗法，每一次提供治疗的过程都可能引发批评。如果在评估过程中提出的批评意见是针对个人的，那么治疗师就会认为自己的技术能力不足（或者说确实是治疗师的技术不佳）。但是，可能会被忽视的是，来访者可能拥有极度焦虑型依恋过程。来访者可能也会因苛刻和过度批评的虐待性表达而呈现出短暂的改善。对来访者来说，可以批评他人且知道自己下周同一时间还可以继续这么做让他们感觉很棒。在某些情况下，在整个治疗周期的某个阶段中所取得的客观进步可能会丧失，这意味着来访者在情绪、功能、自尊心等心理测量指标上回到最初的位置。因此，从客观上来说，治疗没有产生积极的影响。进一步追查原因后得出的结论是，来访者是由于害怕得不到帮助才陷入了这种矛盾状态，这也是为什么来访者虽然有攻击性，但治疗师依然会鼓励他们保持接近的原因。来访者在治疗中表达批评对他们来说还有一个好处，那就是防止有时间有效地自我表露那些促使他们前来治疗的真正问题。对焦虑型依恋过程的来访者而言，与其"推""拉"行为并行的是其无法容忍不确定性，而这种不确定性会转化为他们的愤怒和言语施虐。例如，如果处于焦虑型依恋过程中的人从批评和言语攻击他人中获得了快感，那么他们在治疗中就会感到焦虑，同时会批评和言语攻击其治疗师。如果是这种情况，那么治疗师最好承认来访者行为中的积极意图：他们试图通过这种求助的方式来满足自己的需求，尽管这种方式会使人际关系枯萎，而非允许人际关系开花结果。

与认为任何表达方式在治疗中都是有帮助的想法相反，如果对治疗中建立安全型依恋过程没有足够的保护和鼓励，那么那些非常愤怒、偏执的人可能会被允许破坏治疗关系。为了自己的最大利益，来访者有必要缩短对治疗师的咆哮和无理的发泄，以挽救整个治疗过程，并为提高真诚的自我表露的发生率做准备。治疗师重述来访者和自己的角色是增加来访者的安全感而不是减少其安全感的一种方式。虚假的希望和合理的不满意需要暴露出来，并使之告一段落，而安全型依恋过程也可以应对和治疗来访者的不满意，使咨访双方共同促进治疗工作向前推进。同样，治疗师认为不适合给来访者看的内容一定不要写入咨询记录。在治疗会谈中，来访者不要无休止地以发泄愤怒和偏执为目的。来访者对治疗师的暴力威胁是不能被接受的，如果来访者确实有此意图，治疗师可能需要报警。

治疗师详细探索来访者以前参与治疗的情况及其接受治疗的过程是为了找出其重复的模式，并了解这些事情是如何发生的，目的在于帮助他们在今后的会谈中避免再次重复。当人们接受过多次无效的治疗，或者一直停留在某些议题上的同时又隐瞒其他议题时，治疗师就需要对每一次治疗进行查询。"你从上次治疗中得到了什么？""它有帮助吗？""如果没有，原因是什么？"让来访者表达对当前治疗的否定是帮助他们的需求得到满足的一种方式。在第一次会谈时提出要求，诸如"如果我做的事或说的话让你不喜欢，你可以让我知道吗"这样的询问可以帮助心怀恐惧、不主动的人说出治疗关系中的障碍，预先避免关系破裂、发生误解和来访者脱落。

如果评估显示某种流派的治疗显然会让来访者受益，那么治疗师就应该提供这种流派的治疗。有一些情况是，有一系列实质性问题的人会发现，寻求帮助的过程本身就是不稳定的。那些由于种种原因而造成治疗进展甚微的人会不断地寻求得到更多的帮助。在对所提供的帮助提出投诉的情况下，我们可以看到以下三种模式。

- 那些要求得到进一步帮助但在得到帮助后又对此予以批评的人可能是具有焦虑型依恋过程。支持这一观察的证据是，曾有多个善良、经验丰富、有能力提供帮助的专业人士为其提供治疗，这些治疗却都被其认为是其不需要的、对其无益的。
- 还存在的一个有问题的过程是，来访者在不需要治疗的时候要求治疗，也有一些来访者要求的治疗是不被专业人士推荐的，因为这些治疗对他们的核心问题几乎没有什么影响。
- 对偏执、自恋型来访者和向第三方寻求治疗师信息来源的来访者而言，治疗中可能会出现一些特定的负面事件。在焦虑型依恋过程中，来访者可能会反复寻求治疗，然后又拒绝治疗。他们先寻求帮助，然后开始纠结，以至于在治疗外公开批评治疗（在会谈期间，治疗师处理这部分的努力失败后）。投诉的过程可以满足来访者内在冲突的需要，但这对来访者和临床治疗师都不利。从来访者自身的角度来看，如果治疗变成这样，来访者获得帮助的过程就会非常缓慢而痛苦。

如果来访者无法改变自己，也无法在治疗的帮助下发生改变，那么治疗的作用就必须被重新思考。虽然治疗的潜在目的是帮助来访者改变自己的人际关系、情绪和行为。也有可能发生的情况是，来访者在治疗过程中不能做出改变或在治疗过程中停滞不前，那么治疗工作对其的帮助便仅止于此了，治疗可能就需要停止了。心理教育对帮助人们认识自己的问题是有帮助的。但是，如果人们在多次自残、过量服药的情况下拒绝承担保护自己生命安全的责任，那么他们是否具备自我关爱的能力便是个问题，因为他们是在防御中进行自毁和危害自己身体的行为。看到那些每周数次企图自杀的人无法安抚自己的心理痛苦并予以调节，会让人觉得自己好像完全对他们的生命负有责任，而没有力量帮助他们变得更好。

有一种令人遗憾的假设，即认为一种治疗方法适合每个人，可以治愈所有的心理疾病。这种假设是对公众和专业的极大伤害，必须予以驳斥。虽然大约80%的有复杂心理问题的来访者可以通过充分的评估来帮助他们对后续治疗做好准备，但仍有20%的来访者不能很快从治疗中获得帮助。另外，有一些问题事件可能会导致即使是经过充分评估和准备的人也会在实现他们希望达成的目标的道路上停滞不前。因为这项工作的目的聚焦于（需要心理帮助的人能够且应该与陌生人建立的）依恋的质量，所以评估个人历史便包括倾听其与父母、兄弟姐妹和其他近亲属的关系质量如何，确定其目前与伴侣和孩子的关系质量。如果来访者失去了希望，觉得任何服务形式都无法提供其需要的帮助，那么他们可能会把自己的这种负向看法埋在心里。还有一个方面可能会成为整个临床工作的一部分，那就是来访者进行自我伤害以便再次开始被他人照顾的循环。如果这个循环不被发现，它就会无休止地自我维持，没有得到服务的阶段只是自我照料、社会生活、情绪、自尊、依恋过程没有改善的前奏。如果这样的状况维持下去，那么就会形成一种双输的局面。

内在工作模型可以用评估会谈中谈及的人际事件来解释，可以被理解为自我和他人之间内在相互关系的一组想象，它们依据的是与有影响力的人之间形成的重要的人际关系。但是有关自我的图画可能在各方面都是不准确的。自我意识可能并不是对自身客观能力的准确评价，也无法对他人如何评价自己有准确判断。好消息是，大多数时候，大多数人的能力和潜力比他们自己所相信的更大。自我认为自我效能小，而其实际能力大。这就是自我对自我效能缺乏信心的问题。当考虑到自我所感受和相信的自我的价值时，自尊心就会受到伤害，这就为自我的社会包容性设定了一个规则。这是另一种自我限制，基于自我对想象中的自我意象所感觉到的情绪。

安全感是一种对治疗的感受或清晰的理解

如果来访者拥有心理痛苦、持续有自残行为，或者持续有自杀念头或感觉，那么在治疗中建立基本安全感是非常有必要的。如果人们能够学习将注意力重新集中在外部客体或内部客体上，学习扎根技术和呼吸技巧，并参加有关康复和正念冥想的课程，那么他们就会提高自我调节的能力，而不是进入超负荷的状态。彻底改变人格或永远根除症状是不可能的。治疗师偶尔也有可能使来访者的神经质和精神病的患病性发生改变，增加功能，虽然在特定的情况下，一些心理综合征和情绪问题仍可能会复发。治疗师须对来访者在治疗中每时每刻的言谈举止和言语的直接表达和暗示予以适当的回应。治疗师角色的最基本的方面是根据地方性法规对保密的规定提出意见，知道在来访者或来访者认识的人有风险的情况下该如何处理。但是，从整体上来说，关于会谈的设置及提供有关会谈的总体情况，这些流程是为了帮助来访者了解自己在治疗中需要做什么。治疗中使用的方法、如何取消会谈、每周定期参加常态化预约的重要性等都属于这类内容，这些都是为了促进和保持框架内的安全关系的必要条件。偏离这些条件只会加剧来访者脱落的倾向，助长来访者原本陷入其中的担心。如何处理边界问题、保密性及保密例外、来访者对治疗不满的可能性等都是需要作为评估的标准部分来解决的议题。其中一种方法（尤其是在治疗早期）就是在每次会谈结束时询问来访者如何看待会谈的情况，不要把"好的"作为应当的回答。无论来访者喜欢或不喜欢会谈，都是需要探讨的话题。安全型依恋过程包括建立联结与合作、感到满足、减少挫折感和心理痛苦等愿望。

治疗师的一个重要责任是在临床上做出判断，知道什么时候对不会从治疗中得到帮助的来访者说"不"。这就对其提出了一个问题，那就是知道如何在不让来访者感到被拒绝的情况下说"不"。治疗师的责任之一就是要熟练地开展治疗前的评估，评估让人感觉是一件困难而又可实现的事情的开始，因为关于重点议题和解决议题的方法都可以达成一致。这项工作的核心问题在于找到判断的方法，在太乐观地接受一个人进入治疗（当他们应该尚未准备接受治疗阶段和自我照料计划时）和太悲观地拒绝可以被帮助的人之间进行判断。如果治疗师因过于悲观而拒绝了一个可以被帮助的人，那么问题就会出现。治疗师有责任检查前几次会谈能否让来访者有被帮助的感觉，即使是在由于某些尚不清楚的原因导致来访者的心理痛苦几乎没有减少的情况下。来访者如果觉得自我表露的过程太令人不安，那么治疗就会让他们产生更多的心理痛苦。另一个关键问题涉及能否为会谈达成一致，因为当来访者强烈厌恶心理痛苦时，治疗师可能需要先做一些准备工作，以使来访者更能自我表露。有时来访者谈论某个议题时，治疗师难免会产生一种固有的厌恶感，对治疗师来说，这也是职业危害，让其在一天工作之后感到十分疲倦。在评估时，要牢记以下四类来访者。

- 适合治疗师并有动力承受治疗要求的来访者，包括那些刚达到能使用治疗这种程度的来访者，尽管他们还有些障碍需要克服。

- 有动力要求进行治疗，但因各种原因不适合治疗，从而不能被接受进行治疗者。他们需要在评估后被拒绝，治疗师需要给予他们仔细的解释，并为他们制订良好的健康计划。治疗师在解释时可以明确地指出，他们目前有太多的问题，在会谈中讨论这些问题让他们太过痛苦，以致他们无法从治疗中获益。

- 那些被错误地提供治疗的来访者也包括那些本不适合治疗但其治疗师过于乐观地与其开展治疗工作的来访者。他们发现自己无法忍受自我表露，无法忍受亲密这种意外的副作用。这其中就包括那些不做任何辩解突然脱落的来访者，所以治疗师无法确定他们脱落的原因是什么。

- 最后，还有一些人虽然适合接受治疗，但没有求助动机。这时，治疗师可以给他们提供心理教育的材料，或者给他们讲讲他人的故事，这些人已经康复并获得后天习得的安全感。他们需要一个计划来获得动力和支持性的经验，让他们了解并有信心在适当的时候获得服务。治疗师不应该给他们施加压力，让他们进入治疗。一次无效的治疗可能成为其今后根本无法获得帮助的部分原因。

对治疗师而言，微妙的是不要过于乐观地接受那些无法承受治疗的人。有时，治疗师与其接受所有来访者，不如拒绝一些人，与他们一起制订一个健康计划，以改善他们的情绪和自尊问题。如果治疗师接受某些来访者，后来却发现他们无法达成目标，那么其危险性在于，来访者会失去希望，觉得自己无法从任何帮助中获益。虽然暴露疗法、行为实验、行为激活等技术可以产生巨大而持久的积极效果，但如果人们不愿意或无法忍受由此带来的心理痛苦，那么这可能会加重他们的心理痛苦，进一步降低其自尊。同样，在评估时，主要的回避行为（如白天睡觉而晚上不睡觉，或者因担心睡眠时做噩梦和惊恐发作而不敢入睡等）一般都是严重的情绪性原因和回避心理痛苦的表现。

如果以前的评估和治疗都是不利的，或者来访者从中获益太少，而花费太多，那么治疗师就不应该再为来访者提供治疗。这是一种根据来访者相关情况做出的临床判断。做出这种决定所需要的理由是个人的求助史及其求助过程中所发生的事情。做出这样的结论的方法是询问以前的治疗师，他们的建议将会对来访者有帮助。这可能包括为创造美好生活、用好基于社区的社会支持组织和其他来源的支持。在私人医疗系统中，从那些不能从所提供的服务中受益的人那里拿钱是不道德的。在公共系统中，因为资源有限，所以什么时候能用稀缺的资源帮助复诊者，或者说怎么对那些等待转诊的人更公平，或者以临床为由要求当事人接受目前的服务不足以满足他们的需求，这些都是艰难的决定。与"心理治疗适合所有人"的假设相反，声称每个人都能从中受益的说法是不符合事实的。有些人会因为治疗而不稳定，可能需要一些不那么正式的干预措施，如面对面的上门服务、社区支持、职业治疗、职业辅导计划、交友计划，或者通过聊天室或类似的虚拟会谈等方法，获得临时性的支持。

第九章　一些复杂案例

在实际工作中，如果来访者有较为复杂的心理问题或被诊断为人格障碍，那么在治疗中会出现大量不可预见的问题。本章将通过举一组能够说明上述各项重点的复杂案例来详细介绍处理治疗关系的方式。成年人之间的会谈被视为动态而时时变化的依恋过程。对有复杂心理问题的人而言，他的哪些方面表明现有治疗是合适的，哪些方面表明治疗是不合适的，仅仅是童年时期的性虐待、目前的自残和自杀意图、精神疾病或家庭暴力本身并不能成为拒绝其接受治疗的理由。相反，只有当自我表露使一些人感到更加焦虑、抑郁和没有价值感，从而启动他们的防御系统，导致其功能全面恶化，甚至其自残、自杀或精神错乱的程度增加时，才说明治疗对来访者而言是无益的。相反的情况是，虽然迄今为止的自我表露会让来访者产生强烈的心理痛苦，且在认识或当前功能方面并未实现任何实际的改善，但如果出现依恋过程的某一方面，那么治疗师可以依据理论预测询问来访者相关的方面，看看它们是否同时发生，以检验来访者是否在运用某一特定依恋过程。这就是在治疗会谈时在来访者身上检验依恋理论预测的方法。下面的一组复杂性概念是依据精神病理学的专家意见而来，随后转向强调依恋过程的一些典型案例。玛丽·梅因记录了对不同依恋类型的言语风格的初步结论，这有助于促进对人们所体验的依恋进行鉴别。

关于复杂性的共识

精神病学教科书所定义的综合征是去情境化的，因为教科书给出的是标准定义。之所以使用"综合征"而不是"障碍",是因为综合征意味着同一个问题可能存在不同的形式或变体,而障碍是指符合相关诊断标准的九项描述中的五项,因此可以做出诊断。而心理动力学(即什么激励人们以有意义的方式行事)则表明,特定类型的理性和情绪构成了防御性整体。但是个人的局限在于,即使在整个职业生涯中以稳定的频率年复一年地接触各类来访者,来访者所做的陈述永远是独一无二的。存在人格综合征、临床综合征、生活方式选择、亚综合征脆弱性、个人能力及价值偏好等多种因素的显著组合。标准化的概念化与治疗方法无法应用,所以我们需要的是足够复杂的理论,以捕捉个体陈述的特异性。概念化通过以书面或口头的形式诠释构成心理问题的重复性心理过程,反映出特定来访者在个体治疗中的问题。治疗师可以对来访者进行教育,让他们了解自己所陷入的意义建构过程的本质。治疗师有可能根据来访者的需求进行精准的诠释,让他们了解并能够找到新的方式给自己建立希望,这就为治疗创造了价值。讲故事对来访者而言具有持续而强大的影响作用,这一点也得到了探讨。启发式和经验法则在这个不确定的领域中被运用,以便我们理解,只有在尝试建立关系和治疗的过程中才能从经验上发现复杂性。如果来访者患有一个以上依附情境的综合征,那么治疗师就很难确定首先应该从哪里开始干预。这一部分讨论了在心理痛苦所有领域中均发现的日益增加的复杂性。

无论发生率如何,如果个体在工作中、家庭中或空闲时间内无法完成一些必要的事情,因而无法发挥其最基本的作用,就可以判定其有综合征。例如,功能障碍的含义是无法工作,或者由于过于痛苦而无法照顾孩子,因为心理痛苦太过强烈以致损害了注意和记忆能力,或者其他社会生活方面被回避或遭到损害。另外,由于在如何应对心理痛苦这一问题上存在不准确的信念和理解,人们在试图发挥自己的作用时依然会感到痛苦。这本身就有可能导致心理痛苦无法消散的后果。如果痛苦的程度很高,个体就不可能像在正常情况下那样在实际意义上发挥作用。

　　目前大家有种共识，程度最低的复杂性始于一种标准的情境综合征，针对单一综合征，已经有大家熟知的标准的概念化和干预措施，而且所需的会谈次数和病症的严重程度可以预先评估。如果按照标准的治疗方法开展治疗，大多数来访者的获益应该都能持久。

　　初始的情况是，出现心理痛苦的倾向并在其发生时无法得到抚慰，从而形成一种亚综合征脆弱性，这是一种与人格功能或社会背景相关的亚临床型问题。脆弱意味着一个人具有某些特征，如广场恐惧症，但问题的严重性还不足以构成综合征。程度最低的损伤的特征是对轻度/负面体验的偶发亚综合征，如发作频率为一个月一次到一周一次。这表明，因最初的发作与感受到的自我管理的后果而导致的对心理痛苦的脆弱性始终存在。下面一组治疗的难度级别从"假设人们有动机参与治疗，没有风险，并且相信自己可以从中得到帮助"开始。

　　在一种简单的情况下，心理综合征为中度至轻度，一生只发生一次且只在一个情境中出现。这时，大家对实证研究预测的治疗结果早在治疗开始之前便已熟知。最简单的问题是一生中只发生一次，仅发生一次，或者不到一年发生一次，程度为轻度到中度。简单的心理问题包括以下几种：仅患有抑郁障碍，与之相类似的是仅患有惊恐发作、惊恐障碍、社交恐惧症、社交焦虑障碍、广场恐惧症、考试焦虑、创伤后应激障碍、广泛性焦虑障碍及轻度至中度强迫症。简单的心理问题还包括关系-心理痛苦、情绪和角色转变问题、普遍性愤怒及对压力源的调节性反应等。有大量实证知识可以支持这些文献中的观点，即人格综合征和情境综合征可以放在一起理解。布鲁斯·波弗尔（Bruce Pfohl）主张承认心理综合征的发作和维持是间歇性的。情境综合征和人格综合征同时出现时，它们可以与人格功能的下降同时发生，这意味着，情境和关系导向型事件及人格功能问题都是反应性的，而非持续性的。反之亦然——心理综合征与人格功能综合征同时停止。特蕾西·谢伊（Tracie Shea）和严雪莉（Shirley Yan，音译）也注意到，在人格功能综合征和独立综合征中出现了同样的可变性。她们补充说，可能会出现亚综合征水平的心理痛苦，即依据来访者的症状尚不足以给出诊断，但它们始终是潜在的脆弱性，或者继续以残余的、低强度的影响存在。例如，一个人非常注重与他人相处，并且对自己有着很高的刻板标准，但她爱上了一个同事。尽管两人都是单身，但是由于公司不允许内部员工之间谈恋爱，因此她很难向对方表达自己的爱意。这种紧张感会引发社交焦虑，因为想要建立亲密关系、发展爱情的欲望遭遇了禁忌的力量。在这种情况下，在工作中遇到对方时，她会感到社交焦虑和不自信。这种社交焦虑让她感到不堪重负、心理痛苦。上一次这种焦虑体验发生在 17 年前。

在触发事件开始阶段，当这种心理痛苦可能会被延长时，下一步的复杂性是，心理综合征反复出现并持续存在，即使最初的压力源在寻求帮助时可能已经消失了一年或更长时间。此时被识别出来的是属于个人的东西，这意味着人格的某一部分本身在持续的基础上存在脆弱。

下一个更高的复杂性是一个综合征成立，个体对自我如何保护自身和应对心理痛苦这两者持不准确的理解且出于相同的动机，个体角色的功能损伤程度增加。目前所使用的自我保护的尝试可能起作用，也可能不起作用，但其仍在持续。这些可能包括经常发生且不由自主的想法、冲动、图像或记忆，在心理痛苦的意义上，这些内容被认为是令人不安的。要了解心理痛苦为什么会维持，关键是要找出人们如何照顾自己，以及其尝试解决问题的方法如何实际维持了问题，例如，通过回避、喝酒、担忧等方式来应对，而非通过问题解决或讨论忧虑的方式来解决。

下一个更高层次的复杂性是个体同时有两个或两个以上的综合征，它们都需要有针对性的干预措施、足够长时间的治疗，以预防复发，确保在治疗过程中获得的收益在治疗后保持不变。确保积极变化得以保持的最后阶段被称为预防复发阶段，治疗师需要对治疗结束后可能出现的问题有所预见，对来访者可以如何获得支持，以便解决问题也要有所预见。这种复杂程度是一个中度困难的领域。举例来说，那些过去曾因精神疾病住院的人，或者那些曾因抑郁而尝试自杀的人，但是现在他们从更严重的问题中恢复过来后想专注于其他事情。中度困难领域还包括出现两次或更多次相同综合征的情况，这表明人格中可能存在一些脆弱性，因为这种复发表明个体在如何应对其需求方面存在一些维持这些综合征的因素。人际关系方面存在问题的人也属于这种中间领域的情况，如和伴侣、同事、孩子或父母之间持续存在人际关系问题。这是一个中度心理困难的领域，这些人可能受益于夫妻治疗或家庭治疗，而不是个体治疗。

下一个更高层次的复杂性是当存在难以治疗的综合征时，需要多种定制的干预措施。人们很难找到干预的中心点，这反映了实际上存在的不明确性（并不反映治疗师的专业水平）。治疗的困难不仅在于有两种或两种以上的症状，还在于知道如何找到最容易引发因果相关的问题并针对此进行工作，确立来访者的改变，并让其对自己的需求、情绪、自尊及在其与他人的关系中进行自我照顾。一部分的自我试图通过明确选择自恋的自尊来支持自己珍视的自体感（自我意识）。当人们对标准干预没有反应，或者拒绝做明显的事情以便让情况改善时，真正的复杂性就出现了。这种观察对一个放松的人来说可能是显而易见的。这里的关键是通过基本的访谈和概念化，找出每个人的问题是如何得以维持的。

最后，最高层次的复杂性是情境性综合征和人格综合征的并发，后者的强度也不尽相同。情境性综合征如果与个体的焦虑相关，或者个体对个人身份认同存在羞耻感和自卑感，那么该综合征可能是终生的或持续反复出现的。研究表明，与人格和情境问题的清晰度相反，目前被归为情境综合征的焦虑问题可以更好地理解为属于人格的一部分，并表明存在持续的神经质和脆弱性。谢伊和严发现，实证上，焦虑综合征比人格综合征更具有持续性。这意味着，焦虑的情境综合征更能被理解为神经质人格因素，因为它们表现出终生性的倾向。自卑本身并不是综合征，这可能表明社会上有很大一部分人认为自己有心理健康问题。但是，可以定义人格障碍的人格特征是同时存在的，所以在具体说明哪种人格特征是主要的人格特征时，会让人感到困惑，例如，一个人既有偏执，又有强迫性控制，还有迂腐、要求高，等等。

情境综合征和人格综合征的复杂性

一种极其复杂的情况是，存在着多种与情境相关的人格综合征，在这种情况下，治疗师与来访者达成一致，制定聚焦的工作点并在这个焦点上持续开展工作，将变得极其困难。

在长期复杂的情况下，这些人的生活中可能会出现无数的持续危机。而且由于他们的功能水平低下，性格因素阻碍了其稳定的进步，其生活混乱，阻碍了其每周参与治疗：这很可能阻碍整个会谈的持续推进和来访者改善的感觉。若出现反复发作、严重、持久性的综合征并伴有跨时间的功能减退，多次干预无效的治疗、住院治疗、药物治疗都未能带来持续的改善，则可能说明有生理原因在起作用，但也有可能是自我未能理解和管理其诱发因素、情境和反应。复杂的问题之所以具有治疗的耐受性，是因为来访者从未对心理治疗或药物治疗做出过反应，所以其心理痛苦是如何维持的，以及之前提供的帮助是如何不成功的，都成为难以解释的情况。完全复杂的问题可能包括对改变有抵触情绪、对治疗干扰行为有抵触情绪、关系无效、对思想和情感难以命名，以及参与治疗的积极性不高。或者来访者可能认为自己无法获得帮助，没有能力做出改变。情绪复杂者包括曾有过精神疾病收治经历或长期经历创伤后应激反应、创伤引起的精神疾病、抑郁障碍、精神分裂症或双相情感障碍等的情绪管理困难者。

构成复杂性的因素包括以下几点：持续终身的多个问题，持续终身的自杀想法和感受而无自杀意图，但可能最近一年内有过一次可能致命的自杀尝试。有这样一群人，他们求助于人，而一旦他人给予帮助，他们就会拒绝：治疗阻抗可能往往是焦虑型依恋过程的表现，问题是治疗师与来访者心理距离太近，或者治疗师太接近让来访者感到心理痛苦而难以承受的话题。但是，帮助来访者的困难可能有很多原因需要探索，但这里的首要任务是帮助他们参与治疗和了解自己，然后再进行下一步。也许是由于他们对他人的共情不准确，或者是他们感受到的和自己告诉自己的内容与他们的困难相关联。治疗师与难以被帮助者工作面临的问题是，常常在评估时，来访者就会对治疗师的能力产生不确定性和估量。如果治疗师过于谨慎，那么原本可以得到帮助的人就可能会被拒绝，这其中隐含的信息是求助者无法从治疗中获益；治疗师在接诊那些当时有危机的来访者时过于雄心勃勃，而如果来访者因当前的压力源使他们感到不堪重负、无法继续做评估时约定的事情，那么治疗也会失败。如果来访者很容易因为讨论自己的问题而感到心理痛苦，那么治疗很容易陷入僵局，甚至出现倒退，这些困难在评估时就应该被发现并预先计划好应对措施。但有时，治疗师在提供治疗时不可能预见到问题，因此需要在问题发生时加以处理。

在开始治疗后，治疗师可以识别出复杂性——通常治疗师做了自己的开场叙述，大多数来访者都会做出积极的反应。然而，有复杂问题的人可能不会参与到必要的治疗工作中，而且可能对自己的需求和能力及对他人的需求和能力都不太了解。相反，治疗师可能会感到沮丧、不耐烦、被拒绝、被"解雇"、不知所措、被忽视、被忽略或感到委屈。同样，来访者也会感到沮丧、不信任、无法进步，并对自己的能力感到恐惧。或者，他们会因为治疗师的言行举止或说话方式上的一些轻视而产生自责和愤怒，而大多数来访者并没有这样做。虽然不可能彻底避免来访者缺乏回应，但治疗师可以通过反思将其影响降到最低，并在其发生时努力处理。

治疗对于精神疾病、听幻觉和视幻觉及妄想性信念有潜在的帮助，而这些幻觉往往是创伤和虐待的临床图景的一部分，包括如何与解离工作，因为这些都会自动被定性为复杂的心理问题。如果一个人卷入药物滥用或对酒精、毒品上瘾，那么会有更多的复杂性，因为这些物质掩盖了情绪和困难的全部内容，并在心理痛苦时提供了一种容易的、防御性的逃避。这也是为什么治疗师最好鼓励来访者在就诊前和就诊后 24 小时内禁欲，或者要求他们在治疗期间尽量减少药物使用，以最终达到长期减少药物使用的目的。本章的其余部分将重点介绍与"依恋过程"开展工作的内容。

诠释依恋

弗洛伊德运用的"诠释"一词意为与来访者分享假设，这些假设关乎来访者的情绪和行为的原因。以依恋为基础的工作方式之一就是对来访者过去和现在的关系中呈现的依恋动态类型做出明确的假设，并询问他们对假设的看法，以便验证假设正确与否。提出和检验假设的方法有很多，所以治疗师很容易找到切入点。在掌握了四种依恋过程后，治疗师就可以找出一个可能符合来访者所指的情况的假设。例如，如果来访者提到的情景与依恋关系有关，那么治疗师需要对所做的理解进行检查，以确定来访者叙述中的感觉是否真实存在。如果治疗师感觉自己听到的是焦虑型依恋过程，那么就需要通过提问来检验这种印象。诸如"你觉得很需要朋友的关注，所以你每天都给她发短信，向她表示你很在乎她"这样的陈述应该会得到来访者对这个假设是否成立的回答。因为一种依恋过程具有许多可预测的特征，所以关系事件的概念化很可能是依恋关系的一个可能方面，治疗师可以邀请来访者确认或推翻相关的依恋特征，以此对假设进行测试，这些特征是理论所预测的且治疗师凭直觉可以感受到。

同样，如果治疗师认为存在回避型依恋过程，可以用类似这个问句："好像这一切对你来说都太过分了，你只是想和这些要求拉开一些距离，是这样吗？"这是另一种请来访者核对其所指的体会的方式。

心理动力学的传统方法是以试探性的方式来命名与依恋相关的想法和感受。"不知道你在成长的过程中是否觉得自己必须自我克制？"这是对来访者童年时期的依恋模式是否为回避型依恋的一种试探性的问法。这样做的意义在于与来访者一起检查童年形成的依恋模式对来访者的主要影响是什么，以这种方式邀请来访者对自己产生好奇心，对自己有更多理解。这样的邀请创造了帮助他们感受到被理解的方式，也为专业人士提供了一个机会，让他们的假设得到证实，或者被纠正。假设的方式是治疗师通过倾听来访者对童年的叙述，让自己对依恋模式产生印象。如果治疗师判断来访者的依恋过程是安全的，那么可以用"在我看来，你似乎感觉到了被爱和被关心，如果你有什么问题，可以很容易和父母商量"这样的措辞。如果治疗师认为来访者具有焦虑型依恋过程，可以用"似乎你可以信任他人，对他人感到温暖，直到你对他人产生怀疑，当你对他人感到失望时，你便想拒绝他们"这样的措辞。对于回避型依恋过程的人做出的假设最有助于检查治疗师的直觉印象，即来访者发现自己在人际关系中难以表达负面情绪，与他人亲近会让其感到恐惧，其首选的方法是远离高要求、侵入性的他人。一般而言，如果人们不愿意谈论关系困难和表达情绪，那么会导致其出现无法辨别情绪的困难（述情障碍），谈及个人事务让其感到暴露和脆弱。无组织型依恋过程的人可能需要治疗师仔细解释会谈如何进行，以及治疗如何起效。如果他们信任这个过程并决定参与治疗，那么他们可能希望会谈继续下去，即使这个过程会激起其强烈的脆弱感受，而且会不受愤怒和恐吓情绪的影响。接下来的四个部分将具体讨论依恋过程。

焦虑型依恋过程

焦虑型依恋过程中最明显的迹象是来访者试图联系治疗师来控制评估和治疗，方法是表达第三方或来访者本人的要求，希望治疗师将来访者的自我披露过程限制在安全的范围内，以帮助来访者感到更安心。虽然试图限制治疗的范围、过分强调保密性，或者对治疗师进行明确的批评这些情况在偏执型来访者中比较明显，但焦虑型依恋过程的来访者要求治疗师对某件事保持沉默的情形其实也与之类似。例如，如果来访者要求省略一切关于童年的内容，那么表明其对被照料感到焦虑，并认为谈论童年的事情让他们难以承受。一般的阻抗过程之前被理解为是对自我表露的阻抗，其实是在试图获得帮助的情况下产生的一种社交焦虑。然而，在治疗中，成年人之间形成的焦虑型依恋过程及多种形式会不同程度表现出来，来访者可能会表现出强烈求助愿望的同时又强烈地抵制被帮助，也可能表现为对所提供的帮助持批评态度。如果治疗师能够发现这样的可能性，形成"这是源于来访者的焦虑"的假设并对之予以验证，那么就有可能预先采取措施以应对来访者的要求和批评，并帮助他们参与治疗，更充分地参与治疗过程。对焦虑型依恋过程而言，存在以下四种可能性。

- 行动的一个阶段是个体以一种需要他人注意的方式来接近他人并迅速与他人建立联系。
- 另一个阶段是，个体很快感到失望或沮丧，因为他人对自己不够支持，所以个体拒绝他人，做出愤怒或其他愠怒行为，批评他人不想足够亲密。
- 依恋系统过度激活的目的是确保在第一阶段得到他人的积极响应，并使其在第二阶段最小化心理痛苦。
- 对他人的批评往往会削弱与他人的情感联结，并表示情感是一种投资，因此，批评会产生距离感而不是亲密感；而以更成熟的方式处理愤怒、失望、依赖和绝望的感情则会增加安全感。

在言语和陈述中，焦虑型依恋过程的两个阶段可以在激烈的、担心的、纠结的、模糊的言论（表达出对依恋的专注与投入）中辨别出来。如果是讨论依恋关系，讨论的时间会很长，很可能是过于详细的，包含对个体、自我和他人的两种不同感受。说话的方式容易喧宾夺主，并可能包含要求和拒绝，让说话者和听者都感到困惑。

如果焦虑型依恋过程的来访者进入治疗关系中，那么会出现的一种情况是，他们会误读治疗师的面部表情，例如，他们会敏感地认为自己的会谈可能突然被终止。有一个案例是玛西娅，她听到治疗师试图澄清会谈的原因并约定会谈要聚焦的主题时，她认为治疗师要停止治疗，她们以后不可能再见了。治疗师提到，为了帮助她，会谈需要围绕具体的约定进行重点讨论。但玛西娅并没有听到治疗师明确表示要与其讨论并达成一致的意图。她听到的是，她的治疗师简提道："会谈应该基于临床需要。"她认为这项治疗的结论是，治疗即将结束，而自己会立即出院。这让玛西娅产生了一种恐慌感，她说自己感觉眩晕，房间开始旋转。如果不是简在玛西娅误听到出院的一刹那留意到这种情况并说出了一些关于玛西娅的想法和感受，光是这一点，就足以让玛西娅停止参与治疗。不过，在确定了误会之后，简又把自己想传达的内容重申了一遍，这产生了很好的效果。

这时，简明白了玛西娅对他人的帮助质量的积极感受是多么脆弱：她很容易认为，当自己试图寻求帮助时，自己很容易就会被无视，而这种情况可能就在她们会谈开始时发生。简能够重申她试图解释的治疗原则：为了让自己能更好地帮助玛西娅，最好的办法是商定会谈的重点，让两个人都针对商定做具体问题工作，直到玛西娅觉得自己更了解这些问题，或者说即使不可能完全停止她的心理痛苦，也可以做一些事情，以便能在一定程度上改变她的感受。

回避型依恋过程

治疗中最常见的具有回避型依恋过程的来访者有很多需求却又不愿为之努力，因为提起这些问题就会唤起来访者不愿感受的心理痛苦。这样一来，在与各种帮助者打交道时，他们就会习惯性地回避来自会谈之外的任何亲密关爱。在特殊情况下，来访者会回避治疗师的关爱，因为它会让其产生不胜任感，并且他们强烈地认为，自己有问题就意味着自己软弱，值得被批评，那么最常见的问题就是，不愿自我表露的欲望压倒了寻求帮助的欲望。个体对负面情绪和太尴尬的话题的恐惧与不喜求助的感受同时存在，因为求助会让来访者对当下的不安和羞辱感到极度暴露、心烦意乱。这与父母照料者不在自己身边的情况类似。寻求帮助会激起来访者当下的预期，即亲密的人不会在自己的身边，就像父母照料者缺席一样。回避自我表露可以回避这种预期之中的负面情况。一般的治疗反应是通过向来访者介绍治疗流程，使他们更多地了解讨论的内容。治疗师有必要按照这类来访者的节奏去做，并且在其他可以建立基本信任感的事情上也要更明确，如书面保密协议的细节；或者在治疗早期表明，可以慢慢地讲述自己的事情，让他们更有安全感。但是，回避型依恋过程存在不同类型，因此可能会出现以下四种现象。

- 如果个体当前处于去激活行为阶段，那么可能激起治疗师的相关情绪，如被抛弃、绝望及无法与回避心理接触的人建立联结等，从而增加了治疗关系中产生心理距离的可能性。
- 如果个体在不允许谈论情绪的家庭中长大，那么其父母可能也不知道如何抚慰自己或孩子的心理痛苦。
- 家庭认为儿童不应感到痛苦或情绪失控。在成长过程中，个体因心理痛苦而向父母或家人求助时会遭到拒绝。
- 来访者从未学过如何处理被压抑的话题，这些话题让人痛苦却无法加以表达。这些来访者会在如何理顺情绪、解决困扰的问题上陷入更普遍的困境。

鉴于回避的心理动力学核心是回避依恋议题，以便回避心理痛苦，治疗师可以预料到来访者在寻求帮助、参与治疗、参与会谈的过程中，在清楚地叙述发生了什么及他们需要何种帮助等问题上会遇到困难。他们非常需要温柔的、支持性的邀约才能参与一些建设性的事情。但他们往往不善于反思，话语简洁，或者无法从心理学的角度说话和思考，无法抓住治疗提供的机会。他们可能记不住自己的个人成长史，即便他们记得，也是因为感到过于痛苦，所以在之前一直不敢向任何人诉说的细节上也可能存在一些虚饰。例如，用理想化的方式来描述父母，但是其他关于他们的故事却把他们描绘成疏忽、冷漠、疏离的人。

下面是来访者安妮的案例。该案例更多地展示了治疗师保罗对回避型依恋过程的感受。治疗师保罗开始与来访者安妮会谈。安妮是一位年轻的中产阶级职业女性。但是随着治疗不断进行，她开始令保罗感到惊讶。在第一次会谈时，安妮与母亲同来，后者满心期待能够陪女儿前来接受治疗。保罗委婉地拒绝了。在与安妮单独会面之后，保罗了解到她曾企图自杀。很明显，让安妮自己叙述自己的经历绝对是正确的，因为安妮对母亲有很多负面评价，而且如果母亲在场，安妮也许根本就无法从自己的角度出发讲述自己的故事。在接下来的几周里，安妮说起了母亲对她的心理痛苦表现得十分冷漠。心理痛苦和疾病被视为个人不足的表现，因此安妮学会了将自己的感受隐藏起来，因为她害怕被责骂或被要求振作起来。前一年，安妮感到非常沮丧，部分原因是她的自尊心很低。例如，每当她与伴侣发生矛盾时，她都无法向他或其他人表达自己的感受。前一年，她曾试图自杀，因为在长期的工作压力之下，她与一位亲密的朋友闹翻了。虽然在理智上，安妮承认自己需要帮助，但是她向保罗坦言，她无法理解情绪，而且经常难以说出自己的感受。她参与治疗的困难在于，评估的时候，她不知道自己想得到怎样的结果，并请保罗就他认为的最好的方法提出建议。但是保罗喜欢在每一次会谈开始时请来访者告诉他，他们希望在那次会谈中关注哪一点。在前几次会谈中，安妮的回答都是"不知道"，她是真的看起来一脸茫然。

安妮说话很犹豫，在一些会谈中几乎一言不发。保罗问完一个问题之后，会出现一段长时间的停顿。对他来说，这些治疗中的会谈开展得很艰苦。保罗意识到，与其等安妮开口，不如自己代她发言，说出他凭直觉感受到的她可能具有的感受。保罗意识到，他很容易就能填补尴尬的沉默，因为对他来说，告诉安妮他认为安妮所具有的感受并为她表达这种感受更为容易。这种策略的问题是，这意味着他做了所有的工作，即说出她的感受，让她的感受变得有意义，而安妮则在评论保罗对她的感受。保罗向他的督导师朱莉描述了安妮在表达自己的想法和感受时遇到的困难，朱莉很快就看出了可能发生的事情。朱莉指出，保罗不能代替安妮完成这项工作，她一说这话，保罗就知道自己忽略了一个连见习生都应该认识到的基本要素。对保罗来说，走捷径催促安妮，运用他的能力来讨论共情的想法和感受，从而过度利用了他对安妮感受的共情洞察，这对安妮是没有帮助的。

在接下来的会谈中，保罗努力重新设定他们的角色，并描述了他认为效果最好的治疗过程。他要求安妮在会谈前做好准备，做到有话可说。由于重述了会谈的目的，并对帮助她的最佳方法进行了解释和讨论，安妮感到更轻松，也更积极地表达自己的看法。保罗对自己与督导师讨论了这个话题感到欣慰。他对安妮做出了明确的承诺，要对她更有耐心，更理解她在表达上的困难。因此，他能够恢复会谈的目的，帮助安妮更多地参与其中。保罗还花时间研究了转诊时应该说的话，并邀请安妮谈谈她对受到帮助的感受。他成功地将需要按照安妮的节奏有技巧地推进治疗与监控安妮得到照料的感受结合在了一起。安妮也承认，她不喜欢接受任何形式的帮助，因为对她来说，心理痛苦和需要帮助意味着自己是一个失败者。

无组织型依恋过程

成年人无组织型依恋很可能与复杂的创伤后应激障碍、人格障碍及解离现象（如未特定的解离障碍、解离性身份障碍，或者创伤诱发的双相情感障碍或精神病）同时发生。首先参照儿童依恋的核心内容，就成年人无组织型依恋过程的主要方面做一些简要的评论。这类过程的一个问题是，它是一种更强大的力量，会随先前创伤造成的伤害的严重程度而增加，并导致治疗师即使与来访者进行了清晰透明的共同思考，也有可能出现理解高度不准确的情况。但这并不是放弃共同思考的理由。相反，我们必须预料到，治疗行为的意图可能会被完全误解，或者来访者仅仅通过回忆就被触发了深层的心理痛苦。可以预料到的是，来访者有可能表现出能够吸引治疗师的高情绪，也有可能保持沉默，即使可能遭受了虐待，也无话可说。也可能会发生异常事件，例如，来访者到了诊所却拒绝进入诊室，以及因治疗师休假这类计划中的缺席引发的问题。治疗开始之后，如果根据治疗师的判断，治疗进展顺利，那么来访者可能会因为自己已经向前看而打算停止就诊。任何取向的治疗都试图在心理上治疗创伤，但是像眼动脱敏和再处理（EMDR）等方式的治疗过程本身就会让来访者体验为再度受到创伤，而且包括评估在内的任何干预可能导致来访者进入高唤醒、高心理痛苦和解离的状态，有时甚至会成为自杀情绪的诱因。作为治疗的一种辅助手段，正念可以用来提高来访者对自身想法和感受的认知，帮助他们更好地了解自己，找到他们心理通常的习惯性想法。但是这种更准确的新认识可能也会让来访者感到痛苦。

鲍尔比最初的想法是，遭受过暴力和虐待的人的人格中可能存在"隔离系统"，该系统足以使他们在描述自己的创伤时语无伦次且言行不一致。如果个体曾遭受严重的虐待行为，其人格就会分裂成相互隔离的碎片，这些碎片会模仿施暴者的行为，并将这种关系内摄入自我。这些人际联结形式的问题在于，一旦处于任何压力之下，尤其是处于依恋压力之下时，其认知分离、过度激活的行为和去激活的行为都会失败。感受到心理痛苦时，来访者会面临情绪调节问题，以及难以自我抚慰和自我平静的问题，这些问题的根源之一就是，在其与他人的关系中可能缺乏能动性，以及与以前的照料者和原生家庭之间存在未解决的强烈的依恋问题。另外，早期虐待和暴力的长期后遗症也可以构建人的情绪和人格，而谈论暴力如同再经历一次暴力，从而造成问题。无组织型依恋过程存在以下三种可能。

- 对儿童而言，情绪亲密可能相继或同时存在愤怒与回避、接近与拒绝、亲近与抗拒的矛盾。
- 成年人可能存在的问题是，以类似的困惑、不清晰和矛盾的方式接近依恋客体，如治疗师或个人生活中的密友的行为。
- 来访者可能会表现出愤怒的防御和恐惧。因此，需要花时间进行评估，建立一套说明疗法如何运作的清晰的基本规则，以使其目的明确，即使这样的解释并不能使其立即感到安全。

让我们来看一个例子。一位成年来访者名叫史蒂夫，具有无组织型依恋过程。史蒂夫是一个 30 岁出头的健壮男子。他看起来很有男子气概，他说话的方式十分肯定，有点令人生畏。史蒂夫会随意说一些关于他小时候遭受的暴力，但是出于无法解释的原因，他的治疗师帕蒂巴并不觉得他具有任何威胁性。事实上，她觉得他需要一位母亲并数次想拥抱他，尽管她并没有将这种感受付诸行动。史蒂夫遭受了大量暴力（均是被不公平地殴打），这使他在整个童年时期几乎一直在遭受创伤。史蒂夫 3 岁的时候就被送进了托儿所，随后在寄养和领养的过程中体验了一系列破碎的依恋，之后被关押在少年犯教养机构并因暴力入狱。史蒂夫在压力过大时会出现创伤诱发的精神病，听见有个愤怒的女声批评他并命令他做一些荒谬的事情。他可能产生与他所遭受的殴打有关的幻听与幻视。史蒂夫对自己的看法极其负面，他感到内疚，因为他曾在年轻时对他人施暴。他和外祖父母关系很好，也深爱着他们。然而，史蒂夫对他人和自己的行为都有很高的标准，如果他的期望落空，他就会感到非常愤怒。在对自己发火时，他会用电钻钻自己的胳膊，因此他的身上伤痕累累。然而，他却很不主动。治疗师帮助史蒂夫时遇到的问题是，他在会谈时出奇地顺从，而且很重视治疗师帕蒂巴的评价。帕蒂巴虽轻声细语，却也直截了当。不过，史蒂夫目前面临的许多困难和他混乱的生活方式都令他显得非常不同。他以前住在寮屋，曾多次吸毒和酗酒，直到遇见一个比他小很多岁的女人并最终与之结婚。最近几周，史蒂夫的家庭生活变得非常紧张，对一些他不愿意讨论的事情，他感到压力很大。他承认他在最近的事件中看到了一种重复的模式，即他开始感到不堪重负，这种情绪是如此强烈，以至于他想杀人或自杀。在这种情况发生时，他决定离开和他一起生活的人，去别的地方生活。治疗师肯定了他的决定，认为他为他人和自己的利益着想。然而，正是在这一点上，她想知道如何帮助史蒂夫正确把握自己的问题，并激励他做出一些改变。后来她发现，史蒂夫在很多时候也会出现分裂，尤其当他觉得超负荷的时候。在她看来，史蒂夫既觉得害怕，同时他习得的保护自己不受极端暴力影响的方式也令他人感到害怕。

治疗师发现自己不断要求史蒂夫描述更精确的细节，虽然她对他很有耐心，并为自己能帮助他而感到自豪，但是当谈到帮助史蒂夫为自己做一些具体的事情并改变他的生活时，她觉得史蒂夫似乎毫无进展。治疗师建议他咨询精神病专家的意见，看看药物治疗能否帮助他治疗精神病。史蒂夫去见了精神科医生，并接受了这种形式的帮助。治疗师向史蒂夫提供了解决他所面临的困难的书面方案，他觉得很有意思，但是当他按照这些理解行事时，却没有任何结果。治疗师觉得自己对史蒂夫负有责任，尽管她觉得他的态度可能令人生畏，但她发现自己喜欢与他会面，觉得自己可以保护他并相信自己可以帮助他。在听到史蒂夫戏剧性的童年经历后，她很清楚，为了得到他人的爱和尊重，史蒂夫始终在不断挣扎，直到他厌倦了努力，最终一事无成。

当治疗师带着史蒂夫的案例去找督导师时，督导师建议她只给史蒂夫提供只有概念化的治疗方法。督导师的意思是，鉴于史蒂夫存在的问题，他可能无法改变自己的生活方式。当治疗师试图让史蒂夫选择要谈论的特定焦点并帮助他明确自己的长处时，史蒂夫对存在时间限制的治疗提出了批评，并且终止了治疗。帕蒂巴给了他一个机会，让他花些时间来结束他们的合作，但是他在答应参加之后，却并没有在最后三次治疗中出现。所以在会谈结束时，治疗师觉得自己被抛弃了，她只能独自思索发生了什么。

实践结果

依恋理论的治疗实践表明，在治疗中营造安全感与信任感需要通过治疗工作中的透明度与协作来着力加强。在治疗中表现出安全型依恋过程的人背景各异。尽管具有恐惧感，但是如果他人以亲安全型的方式与他们打交道，那么虽然感到心理痛苦却依然能够进行有效交流的那些人会抓住这些机会来展示自己。顺便提醒一下，这里会简单回顾安全型依恋过程的主要方面：在接受了足够好的养育，并且在心理痛苦与曾在帮助之下度过这段时期的体验之间建立起有意义的联结之后，人们可以相信，由于之前曾经得到过帮助，他们可以再次得到帮助。这就是为什么寻求他人的帮助或参考有关自己曾获帮助的记忆是有意义的。这能够促进问题的解决，因为在一个人的记忆中存在得到帮助的表征。轻松、自信的生活方式涉及对几个选项的思考与权衡。这可以培养个体缓解心理痛苦、管理和承受挫折的能力，让个体有可能在大多数情况下保持冷静，实现身心健康和自我安抚。

治疗通过提供基本准则和设定界限来实现其作用。一旦双方就这些规则和界限达成一致，就应遵守。促进安全型依恋过程所需的条件包括善良、公平、同情和理解。我们通常可以观察到，心存恐惧的人会音调很高、言语不清，在会谈过程中他们会逐渐放松下来，放慢语速之后，他们明显更专注，而且坐得更端正。

治疗师需要制定关于实效的最低标准，其中包括每周会见一次，以便治疗得以正常进行。然而，如果依恋需求没有得到满足，消极的心理痛苦及其带来的无法避免的后果给人的感受就可能逐渐积累。依恋中的术语之一临床推理（clinical reasoning）在设计评估程序和如何帮助心理痛苦的人合作做出决策等方面尤为重要。在与来访者共同努力，帮助他们决定是否接受正式治疗时，双方就在合作。即便没法在一起工作，来访者至少也会期待治疗师能够为他们的身心健康做出规划，制订计划，如帮助他们决定其他类型的自我管理治疗计划、职业支持和生活方式管理等。

如果依恋过程得到了认真对待，其结果就是治疗师对个体带入心理健康工作中的力量保持高品质的敏锐度。我们需要与这些力量合作，而非在不知情的情况下与之对抗。

如果有必要对自我意识进行加工，使之更准确地反映自我在社会上的价值，那么根据自我各部分被压抑和否认的方式，这些部分的非整合形式就成为治疗关注的话题。这是奥托·费尼谢尔（Otto Fenichel）与西奥多·赖克（Theodore Reik）勾勒出的一个维度。让我们从赖克的观点开始，他将自我意识视为理解防御行为的关键动机。从羞耻感到自恋自大，自我可以拥有的感受各种各样。赖克指出，由于自我意识在社会中得以创造和实施，因此自我保护的动机在自傲的"自我理想"与可耻的"自我恐惧"之间不断变化。前者渴望实现强大且有能力的理想化自我，而后者则是必须不惜一切代价回避的被压抑、被否定且令人惧怕的自我之中的阴影。事实上，这两种可能性都存在。治疗的方向永远是承认和吸收自我中被压抑、被否认的方面，即使这些方面是未特定解离障碍、解离性身份障碍及其他未整合的需求类型。玛莎·莱恩汉将治疗的方向称为根本的自我接纳，目的是将所有先前被认为是可耻的、令人厌恶的和怪异的方面都包括在内，从而增加"我对自己的各方面感到满意"的感受体验，同时拓展自我意识的涵盖范围，从而囊括和改变与先前畏惧、回避的方面之间的关系，并用亲社会的方式得到真正的认可与安全的表达。显然，治疗师需要进一步调查来访者反社会的一面和对他人施暴的欲望。

结论

治疗主要在于关系而非技术。治疗性关系的力量包括共同分担工作的责任，这也是减少治疗双方压力的一种方式，使双方都能获得回报。身心健康可以是社会交往的结果。若来访者具有严重且持久的复杂问题，则治疗成功一定程度上就是能够让他们参与到他们有意愿加入的治疗关系中。本章从动力学的角度阐述了治疗关系的动态依恋过程。最基础的实践模式是，在明白如何行动之前先了解如何诠释和理解。心理学家和治疗师是人类境况的诠释者。依恋为理解人类整体境况的应用心理学提供了基本理论。其目的是理解人们在感到心理痛苦时的一系列日常生活体验，帮助他们重拾希望，应对生活带给他们的挑战，这样他们就可以开始改变这些挑战的意义、改变构建意义的过程。理论上的任务是综合生物学、心理学、社会学等不同领域的知识并对这些差异进行调和。尽管它们在诠释呈现的情况时采取的立场不同，但其出发点是一样的，即准确理解。事实上，这也是从生物学、神经认知学和神经学的角度对人类展开探索的出发点。

至于如何就这种关系工作，无论第一次会谈还是最后一次会谈，信息都是一样的。因为关系是微妙、多变且动态的，咨访之间有可能建立起通常而言比较安全的关系，但是这种关系可能会暂时陷入某种不安全型依恋过程，但是由于在治疗中两个人拥有共同的历史，因此有可能回到原来安全型依恋过程的功能性状态。然而，在不安全型依恋过程中，这时却会出现拒绝、要求及拒绝安全型联结的情况。总体趋势是维持特定类型的冲突、张力与不和谐。无论如何，在任何两种动态状态之间都存在一个"临界点"。在两个人的关系中，如果一方促进了安全型依恋行为模式的再现，那么就减少了人与人之间的观点差异，就有可能改善（自己表达和接收到的）友谊、尊重及喜爱的质量。当然，必然的结论也可能出现在另一个方向上，即曾经的安全型关系变得不再安全。因此，临界点是双向的。在某些情况下，联结可能会被打破，如离婚、疏远等。但是，处于混乱中的夫妻和家庭也有可能通过表达分歧，或者重新协商如何更和谐地相处而变得更加安全，并且能够解决问题。

第十章　治疗是一个安全型依恋过程

本书的目的之一是运用当代依恋研究的成果重振心理动力学实践和传统，关注良好实践的基础。在唐纳德·温尼科特（Donald Winnicott）与罗伯特·朗斯（Robert Lance）的努力下，关注这一框架为心理治疗的咨访双方提供安全和清晰的理解，同时也与心理治疗未必始终有效这一事实相吻合。这些主题之间的联系在于要读者认识，理解依恋和安全型依恋过程涉及如何创建一个安全框架。这些观点的共同主题是为一段不对称的关系创造一个一致的出发点。治疗是单向的，因为自我表露、感到脆弱的是来访者，会谈是围绕他们（而非治疗师）的临床需求建立的。治疗师肯定会犯错，但我们要给予他们必要的信任。治疗框架管理的相关文献指出，治疗师与来访者建立联结非常重要。治疗关系中的两个人，一个是脆弱、抗拒自我表露、需求未得到满足的人，另一个是不必自我表露、并不脆弱（相对而言）且需求得到满足的人。这些关系中存在一层启蒙的关系，由于自我表露和最佳关爱两种角色的不对称性，它们本身便不同于任何其他关系。然而，安全型依恋过程是安全框架的另一个方面，这一观点为所有形式的心理治疗与心理健康工作的良好实践奠定了基础，并且其中包括促进诊所和更大的机构提供高质量的服务。

最后一章强调在依恋理论中打好心理治疗和心理健康工作的基础。自弗洛伊德以来，心理动力学疗法一直在关注情绪，关注潜意识过程产生的有意识、有意义的感受。鲍尔比－安思沃斯的依恋观展示了亲密生活的意义。童年时期的依恋很容易被识别，这意味着可以通过依恋的概念（即共同理解的感受）让更广泛的依恋理论使用者识别和理解更复杂的儿童依恋模式。治疗实践所需的情商体现在创建具有安全型依恋过程的治疗会谈中，只要时间足够，大多数人都能做到这一点。如果对安全基地现象有了清晰的了解，知晓它是主观上的自信，是一种安全感和信任感，是可以返回的避难所，也是其他现象的避风港，那么我们就有可能理解它们在成年时期的等价物，如寻求心理健康专家的帮助。安全感涉及能够找到依恋客体，以及即便他们并不在场，但是他们的智慧仍然会发挥同样的作用。被不良养育的成年人可以通过后天习得来获得安全感。依恋理论以这样一种方式发挥作用，即治疗师一旦理解了成年人的一系列依恋过程，就有可能对治疗关系产生影响，使其成为安全型关系，并帮助来访者，使他们的生活更有安全感。理解依恋的一个实际结果就是，充分利用和解释觉察，从而创造出一种积极的生活方式，在这种生活方式中，他人和自我的需要能够得到照料与关注。

然而，问题初步发展往往在儿童时期或青少年时期，迁延至今已呈现不同的样貌。努力减少依恋问题涉及不再维护当前事态，需要有目的地用更准确的理解及自我管理的自我照料来取代社会学习中不准确的理解、物化的客体、不准确的信念和意识习惯。新的准确理解可以产生自我照料。变化会以非正式的方式或通过治疗发生在一个人的生活中，让人们对自己的行为、情绪、心理痛苦负责，如果合适，可以通过解决问题来创造一种新的生活方式。由于社会学习在心理问题中具有重要的因果性和维持性影响，因此社会性诱发因素或压力源往往是导致心理问题首次出现的社会心理方面的原因。不同客体在其情境中的意义是问题持续存在的原因。有一种持续的现象，即人格中（通过个人选择、社会现状和生物特征之间的相互关系而产生的）神经质方面能够维持和持续存在的现象。而在治疗实践中，由于我们尚缺乏对任何特定个体真正病因的确切认识，所以可以说，人是由多因素交互作用（作为维持因素）的生物-社会-心理力量组成的独特个体。从整体观来看，个体是其所在的社会系统中由不同部分组成的一个系统。因此，最佳实践是根据个人的情况定制个案概念化和干预措施，并利用研究结果判断哪些方法在谨慎治疗中可能有效。因此，下面对不同依恋类型的人进行关键性理论要点阐述。

无论实践采用的是哪种取向的治疗，安全感指的都是对方在情感上具有可亲性（emotionally available），能够做出响应并且提供一种专业照料关系，这种关系并不遵循友情中常见的更为平等的规则。要与来访者形成安全型依恋过程，治疗师最好在任何情况下都不回答个人问题，并能够通过解释为什么要这样来做限制来访者即将产生的任何好奇与失望。这也意味着要让会谈聚焦于来访者及其需求上，而非回避治疗师可能（会因为话题带来的情绪而）觉得难以讨论的事情。例如，听到婴儿夭折的消息及被折磨时的感受等私密细节都会令人不安。然而，仅仅因为这些经历令人感到难受就拒绝来访者是不专业的行为。如果治疗师拒绝感受强烈的心理痛苦，那么来访者从一开始就无法得到治疗，为了治疗有这样经历的来访者，治疗师需要提升自己对心理痛苦的承受能力。

要成为来访者的暂时安全型依恋客体，治疗师需要在每次会谈结束时进行简短回顾，每隔几次会谈进行一次较长的进展回顾，从而让自己是可亲近的。这种直接的方法使来访者从会谈中接收到的内容是重要且可公开讨论的。来访者往往倾向于不讨论被他们正确或错误地解读为治疗师照料能力局限性的东西。然而，为了提高来访者接收到的照料（治疗）的质量，治疗师有必要引导来访者将他预计可能会危及照料的东西说出口，同时减轻他们的焦虑。因为来访者可能来自充满暴力的家庭，或者从未谈论过他们的感受，所以他们对心理上的意识与反思的理解可能并不包括允许谈论心理痛苦。治疗师提供的安全型照料回应可以增加会谈的价值，而不仅仅是使来访者感兴趣和认同。当下这样的回应可以使来访者参与其中，并致力于减少心理痛苦，开始接纳和改变。这样，讨论就有可能通过帮助来访者以一种新的眼光看待自己和依恋客体，改变所讨论的具体化意义和心理过程。如果治疗师不清楚如何明确它们的意义，单纯在治疗关系中对其进行讨论和情绪表达没有任何作用，那么来访者就可能不会再重视治疗。另外，如果讨论不能带来改变，也不能改变来访者的理解和感受，那么会谈就没有任何好处，因为没有什么显著的变化，而治疗师在没有任何进展的时候与来访者交谈是一件感受很糟糕的事情。

依恋过程是理解来访者情绪、经验的意义和其他此时此地的意识客体的一种方式。安全型依恋过程产生之后，治疗关系就是一个安全的容纳空间。特别是在前六次会谈及任何讨论心理痛苦的会谈中，治疗师应该在会谈结束时进行总结。前六次会谈中有一个重要的最小结构，即在来访者进入和离开房间时，与来访者确认，确保他们能说出任何与心理痛苦相关的担忧，或者以开放的方式就会谈中发生的事情发表意见。人们可能已经产生了一系列自残和自杀的想法，在这种情况下，他们与他人和自己的疏离感会增加，与帮助他们的人和危机处理机构没有任何联系。因此，在会谈结束时确认来访者的情况，可以减少来访者感到心理痛苦的可能性，而这些心理痛苦可能是最有经验的治疗师也无法察觉到的，因为来访者在与陌生人会谈的时候会压抑自己的非言语表达，也无法说出自己的感受，更无法求助于他人。

从依恋安全的角度来看，有许多基本意识和自我行为。这种关系是一个整体，由此产生了以下特点。对来访者来说，开始行动前会产生一种自我调谐，这种调谐随着他们对自己的感受和理解而变化。在当前关系或社会背景下，存在最基本的情绪性和感官性身体体验。自我存在的自我意识允许自己产生情绪意识，它与言语共存，随后才开始准确地诠释经验和动机的意义并将之情境化。跟随感受和诠释之后，来访者就有了形成准确的信念、进行自我修正的可能性。心理原因是感受动机，治疗需要根据过去和现在的影响对之进行充分诠释。对那些接受了治疗师响应性照料，有可能形成准确理解的人来说，对心理痛苦和矛盾心理的承受度越来越高是其准确理解行动的标志之一。对那些经历过创伤和虐待的人来说，这些过去的经历对来访者的意义叠加到了此时此地的经历之上。在后一种情况下，瞬间的焦虑会成为感受的证据，如长期且具体化的"我一无是处"。或者，来访者对这一经历做出某种灾难性的解释，而这些解释与此时此地的情境几乎没有任何关系。通常，来访者赋予这些当下经历的意义来自完全不同的时间和背景，而且通常是焦虑、消极、执着的。他们对治疗师的主要态度是寻求照料，但这可能会受到对所讨论内容消极反应的不安全倾向的影响。治疗师需要采取亲安全型的言语和行为，以此开始规范来访者的情绪，使其努力学习自我安抚并做出改变。治疗师在抚慰来访者时，也是在抚慰自己。

治疗师对来访者的共情可能并不总是准确的，但造成这种情况的原因通常是他们的注意力分散了，因为他们没有完全投入来访者所说的内容中。治疗师可能具有的另一个潜在问题是没有管理来访者对治疗所能提供帮助的高期望值。这是评估过程和最初几次会谈的一部分，目的是讨论和商定治疗中要使用的方法，向下调控过高的期望值。治疗师的策略是以双赢为目标，维持安全型照料者的角色。最好的策略是预先管理，即治疗师在最初的几次会谈中便对即将出现的问题进行预判。例如，如果来访者抱怨"人们总是让他们失望"，那就必须讨论，如果他们觉得自己的治疗师也存在同样的问题，他们该如何处理。这意味着，治疗师与来访者商定，如果他们在人际关系中遇到的问题波及治疗关系时双方该怎么办。治疗师的应对办法之一是让来访者与自己讨论他们对治疗的疑虑、恐惧、担心、不理解或不喜欢。在理想的情况下，来访者对会谈可能产生的所有抱怨都需要说出来与治疗师讨论。在通常情况下，来访者的假设是基于他们认为应该发生的事情，而一旦这些事情没有被激发，他们可能就会停止治疗。治疗师与来访者讨论正在发生的事情、来访者获得帮助的感受，以及来访者对应该发生的事情的预想，这些就有可能减少无效的沟通，否则来访者的负面印象会引发一系列事件，导致关系紧张产生不满，来访者的安全感降低。

如果治疗师出于某种原因而感到局促和焦虑，在非安全型依恋过程已经开启的情况下，问题就会接踵而来，这些感受会导致治疗师无法理解来访者的陈述，这时，治疗师应该保持共情，而不是阻止觉察和回应。这时，双向联结的可能性并没有被抹杀，即便来访者将一些话题拒之门外。如果治疗师试图逼迫来访者做一些非常具体的事情，这通常就是合作、分担责任的态度已经停止的征兆。如果是这样，治疗师最好抛开自己的印象，把注意力放在来访者想要讨论的事情上。同样，治疗师仅仅听了一个人的大体情况，就有可能产生共情，开始对来访者所说的事情产生强烈的情绪反应，并从智力上推断出他们对自己的看法，以及他们认为自己具备的能力。一般来说，来访者难以自我表露，但他们需要相信自己的治疗师，只有这样，他们才能说出真相。但是，如果治疗师觉得自己能在某种程度上帮助来访者，并对来访者的期望存有任何疑虑，那么表达这些想法和感受以促进安全感就是内外一致的做法。治疗的结果必须足够好，并能满足来访者的依恋需求。这样的讨论能使治疗会谈、来访者对治疗结果的期待，以及治疗的焦点变得透明、可分享。另一种情况是，两个人朝着不同的方向努力，并在会谈结果这个问题上有各自心照不宣的期待，这种缺乏共识的情况是具有破坏性的。

为了将意义理解为一种社会现象，就需要下面的可能性条件。人格理论描述了生物－社会－心理多因素整体的各个方面。人的本质是生物－社会－心理因素构成的，包含三种原因之间复杂的相互作用：（1）遗传的生物学特征与成年早期和晚期的生活经验存在复杂的相互作用；（2）有个人选择和习惯性的心理过程；（3）他人和文化的影响。虽然人们不可能忽视所有影响因素，但他们往往确实不清楚是什么原因在起作用。对许多来访者而言，他们对心理痛苦和失衡既没有足够的认识，也没有足够的矫正措施。来访者感到很痛苦，对于痛苦的原因，他们有自己的解释。治疗师所拥有的是临床经验和理论知识，这些可以帮助他们理解治疗实践的各阶段，明白如何治疗具体的人格功能综合征和心理综合征。治疗的一个症结是，如果不进行一些额外的讨论和解释，那么来访者不愿意相信事情会有所不同，他们就不会允许治疗中存在一些额外的讨论和解释，以帮助他们相信治疗过程，这样，治疗过程就无法开始。来访者对自己改变的能力缺乏自信，治疗师需要明晰这种情况，并将其作为问题的另一个方面呈现出来。以下三点至关重要。

- 处于安全型依恋过程中的人往往有信心获得他人的支持。他们知道心理痛苦是可以被改变的，也可以被再次转化为积极的感受。他们对证据持开放态度，能够承受模棱两可，更有可能对关系、情绪、他人的意图和自己的能力形成准确的概念，从而与他人协商合作、解决问题。

- 习惯性感到安全的人认为，向信任的人表达自己的心理痛苦能够获得他们的积极回应。这会促使他们形成以足够详细、连贯且容易理解的方式描述任何心理背景或过程的一般能力。他们说话的方式（即使饱含焦虑、沮丧或痛苦）让他们很容易清晰地表达出自己故事中体现的思想、行为和感受，对故事中激发参与者做出选择的动机可进行清楚描述。

- 处于安全型依恋过程中的双方很容易在各种问题上表现出真实和一致，并获得他人的支持。安全型依恋过程不仅使人更轻松，同时感受建立起了联结，而且通过更强的自信和更多的行动，促进人们在更广阔的世界中进一步探索和处理不安全的事情。

安全型依恋过程之所以存在，是因为后天习得的内在工作模型会影响现在和未来对照料产生过程的预期：人们期望在心理接触中感受到温暖；在现在和未来的大部分时间里，自我和他人能够相互独立而又相互支持。由此可见，安全习惯的养成就是学会以健康、高效、成熟的方式相互依赖。安全型依恋过程的人很容易以轻松、乐观的方式发起合作，甚至可以赢得对方的青睐，修补双方关系中的裂痕和紧张。安全型依恋过程的人在相互靠近时会感到自在，而且认为联结的过程相对容易。在来访者和治疗师之间建立起安全型依恋过程的一个主要好处就是，可以讨论两人对会谈的想法和感受。这有助于建立信任的过程，即来访者在自我表露时感到更容易相信他人，也更加放松。安全型依恋过程给治疗师带来的益处是，他们会感到更轻松，更有能力去帮助他人。如果没有遭到焦虑和防御的来访者的无理由的批评，治疗师更倾向于帮助他们，相对来说，这种焦虑的情绪很容易产生，也很容易消退。如果在努力帮助来访者的时候遭到他们的批评与斥责，治疗师就会感到恼怒，这种敌意即使有理有据，也会让治疗师产生一种错觉，认为自己无法帮助来访者。因此，即使前两次会谈充满了焦虑，不安全感大于安全感，但是到了第三次会谈的时候，大体上应该能够明显感受到来访者和治疗师开始放松，双方开始能够以富有成效的方式讨论到目前为止的治疗质量。安全型共同调节现象表现为在会谈中放松和开放，从而促进共同的安全感，因为双方都觉得彼此令人愉悦。会谈成为一处安全场所，人们可以表达对参加治疗的感受质量的反思，从而明确了参加会谈的感受价值。例如，治疗师可以通过明确阐述他们的目的协助这一过程开展。这包括讨论治疗的基本原理，提出可选择方案，帮助来访者积极参与自我照料。事实上，如果他们反对或不理解治疗师让他们做什么，那么在开始合作展开治疗之前，就需要提出这些反对意见。

"关注当前依恋动态和了解来访者如何呈现自己"与"让来访者参与治疗"两者间存在张力。反之亦然，即使治疗师只是看了一眼手表，也足以让某些来访者认为治疗师已经对他们感到厌烦并希望他们离开。在某些情况下，出于各种原因（包括来访者希望另一些事情能够同时发生等有意义的动机），来访者对信件和明确的口头陈述的解读并不符合其原意，因此无法理解治疗师向他们明确指出的信息。

来访者可以学会关心自己，通过反复思考，从而解决眼前的事情。咨访关系的最佳策略是建立一种分工协作的团队合作，在整个治疗过程中，来访者积极参与自我照料，治疗师逐渐减少引导。说到依恋实践，一个学习要点就是治疗师与来访者之间要协作，要共同思考。虽然协作并不能保证双方达成一致，但这是一种响应的方法，鼓励来访者用一个新的视角去看待问题。通过这种方式，治疗师可以为来访者提供自我照料的工具，让来访者能够在行动前思考自己的处境。治疗师可以在利用研究结果的同时，以自发和直观的方式提供照料。然而，只有来访者才能确认或否认我们的共情是否准确。

本书从发展心理学的角度对依恋进行了分析，也对其核心问题展开了研究。至于随着安全型依恋实践水平的发展，研究和理论将做出怎样的回应，还有待观察。

版 权 声 明